제3판

호텔리어가 되기 위한
취업 면접 완벽 대비서

나도
호텔리어가
될 수 있다

권성애 저

- 호텔별 **채용정보**
- 30가지가 넘는 **한영 모범답안**
- 전현직 호텔리어의 **생생한 경험담**

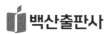 백산출판사

"멋지고 화려한 호텔, 하지만 호텔의 인재는 화려한 사람을 원하는 것이 아닙니다"

호텔리어가 우리나라에서 유명세를 탄 것이 언제부터일까요? 그것은 아마도 2001년 여름, 제가 고등학교 시절에 텔레비전을 시청하면서 단번에 호텔리어의 꿈을 가지게 했던, 단 20부작의 드라마 "호텔리어"였을 것입니다.

그 드라마에서 나오는 멋진 호텔리어들과 화려한 호텔의 모습을 보고, 그 멋진 모습들에 매료되어 단번에 저는 "난 호텔리어가 되어서 저렇게 멋지게 일할 거야!"라고 생각하며 그 꿈을 키우게 되었습니다.

이후 저는 대학생이 되어 서비스 경험을 위해 호텔 연회장 아르바이트를 시작했을 때, 호텔의 일이 겉으로 보이는 화려함만 있는 것이 절대 아니라는 것을 알게 되었습니다.

장시간 서 있으면서 호텔의 이곳저곳을 누비며 고객의 상태를 체크하고 고객의 요청을 수행할 수 있는 강인한 체력과 서비스 감각, 외국인 고객과도 소통을 잘 할 수 있는 의사소통 능력 그리고 호텔의 이미지는 바로 나와 직결되기 때문에 잃지 말아야 할 미소 등 내가 그 일을 해 보기 전에는 알지 못했던 많은 것들이 있었습니다.

그때 비로소 알게 되었습니다. 호텔 자체는 멋지고 화려하지만 내가 되고 싶어하는 호텔리어는 화려함 그 자체가 아니라, 화려하게 만들어 주는 역할을 한다는 것을 말입니다. 호텔이 멋지고 화려하게 빛을 내려면 호텔리어들은 더 분주히 뛰고 더 웃고 더 손님들께 세심한 배려를 해야 한다는 것을 말입니다.

저는 항상 그 생각을 잊지 않고 호텔의 면접을 봤고, 이후 호텔의 식 · 음료부(F&B) 입사를 시작으로 해서, 그 호텔 경력으로 외국항공사의 승무원으로 이직을 하게 되었으며 이후 다시 호텔로 입사해 V.I.P 손님들을 다루는 G.R.O로 근무하였습니다. 이렇듯 호텔의 서비스 경력은 저에게 서비스 관련 경력에서 많은 도움을 주었고 제가 서비스인으로서 성장하는 데 있어서도 많은 디딤돌이 되었습니다. 그런 이유로서 서비스인으로 성장하고 싶은 지원자들에게 호텔의 경험을 적극 추천하고 싶습니다.

또한 그간의 많은 호텔 면접을 봐 보고 또 준비하면서 "왜 호텔리어만을 준비하기 위한 책은 없을까?"라는 생각을 해왔고 그렇다면 나의 면접 경험과 서비스 경험을 토대로 호텔리어 지원자들을 위한 책을 만드는 게 좋겠다고 결심해 출간을 결정하게 되었습니다.

이 책이 여러분의 꿈을 이루는 데 멋진 도구로 쓰일 수 있기를 바랍니다.

권 성 애

이 책은 호텔리어가 되기 위한 전반적인 정보와 한국어와 영어 면접에 대비하여 기출문제와 모범 답안 그리고 면접의 팁을 담고 있습니다. 또한 면접을 보기 전의 태도와 준비, 이력서 작성과 호텔의 정보와 적성테스트가 포함되어 있습니다. 마지막으로 전, 현직 호텔리어들의 조언과 경험담으로 호텔리어가 되기 위한 전반적인 합격 비법을 제시하고 지원자들이 올바른 방향으로 갈 수 있도록 방법을 제시하고 있습니다.

호텔의 모든 궁금증 풀기

호텔과 호텔리어에 관한 모든 궁금증 그리고 호텔리어들이 말해 주는 생생한 조언을 통해서 호텔에서 원하는 인재상을 알 수 있습니다.

호텔별 채용정보와 각 호텔의 정보

국내 호텔에 관련된 정보와 채용정보와 과정을 소개하고 각 호텔별로 어떠한 인재상을 원하는지 그리고 어떻게 채용에 대비할 수 있는지에 대해서 명쾌하게 알려주고 있습니다. 또한 적성테스트를 통해서 우리가 앞으로 어떻게 대처해야 하는지에 관해 가이드라인을 제시해 주고 있습니다.

한 번에 합격하는 이력서의 모든 것

국문과 영문 이력서와 자기소개서 그리고 사진의 예시를 들어 지원자들이 어떤 식으로 호텔리어가 될 준비를 할 수 있는지에 대한 적절한 가이드라인을 제시하고 있습니다. 또한 "지원자 사진의 좋은 예"와 "이력서 예상질문"은 실제 면접에 더 가까이 다가갈 수 있는 좋은 예시로 현실적인 제안을 제시하고 있습니다.

영어면접 기출문제와 모범답변

20개가 넘는 면접 기출문제와 다양한 모범답변을 통해서 지원자들이 본인에게 적합한 답변의 방향을 선택하여 연습해 볼 수 있습니다.

한국어 면접 기출문제와 모범답변

한국어 면접의 기출문제와 꼭 나오는 10개의 한국어 면접 기출문제를 통해서 지원자들이 필수로 공부해야 하는 한국어 면접을 연습해 볼 수 있습니다.

면접 질문별 맞춤 TIP

호텔리어 면접은 100% 말만 잘해서 되는 것이 아닙니다. 인성,

태도, 어학, 서비스 경력 등 여러 가지가 합해져서 그 회사와 잘 어울리며 "가능성"이 있는 인재를 뽑는 것입니다. 또한 첫인상이 중요한 서비스직이므로 면접관이 중요하게 생각하는 것이 무엇인지를 알아보며 중간중간에 모 호텔이 기준점으로 채점하고 있는 영어면접 기준표도 제시하였습니다.

호텔의 전 · 현직들의 조언과 경험담

이 책의 7장에서는 전, 현직 호텔리어 선배들이 들려주는 조언과 경험담을 소개함으로써, 면접 비법과 그 생생한 호텔의 현장 소식을 담고 있습니다. 또한 지원자들의 조언에 관해서 현직 호텔리어들의 따뜻한 격려 한마디와 조언이 지원자들에게 힘을 줄 것입니다.

그 밖의 호텔리어가 되기 위한 정보들

호텔의 정보, 국문과 영문 이력서와 자기소개서, 이력서 사진 그리고 영문과 한국어 면접과 팁을 제외한 그 밖의 호텔리어가 되기 위한 이미지트레이닝, 전화예절 그리고 최종 지원하는 지원자의 마지막 체크까지 머리끝에서 발끝까지 호텔리어가 되기 위한 모든 정보를 끊임없이 제공하고 있습니다. 따라서 이 책 한 권으로 독자들에게 국내에서 호텔리어가 되기 위한 모든 정보를 제공하고 면접에 현명하게 대처할 수 있도록 돕고 있습니다.

Contents

제1장

호텔리어
도전의 시작

제1장
호텔리어
도전의 시작

이 장에서는 우리가 입사하기를 원하는 호텔이 어떤 곳이며 우리가 알지 못했던 어떤 부서가 있는지 그리고 나는 어느 부서가 적성에 맞는지를 알아보며 호텔리어가 되기 위한 기본적인 지식을 쌓아가는 부분입니다. 따라서 이 장을 읽으면서 과연 호텔이 무슨 일을 하는 곳인지, 또한 과연 나의 적성과 맞는지 알아가며 호텔의 기본적인 의미와 역할을 되새겨 보는 것이 좋습니다.

1. 호텔은 어떤 곳일까?
2. 호텔의 그것이 알고 싶다
3. 호텔리어는 어떤 직업일까?
4. 나의 호텔리어 적성 자가진단하기

1. 호텔은 어떤 곳일까?

📍 호텔은 단지 여행할 때 머무는 곳일까?

우리 머릿속에 호텔은 '여행을 가서 쉬면서 숙박하는 곳', 또는 '출장이나 다른 이유로 집이 아닌 다른 공간에서 숙박하고 특별한 날에 비싸거나 평소에 먹지 않는 맛있고 특별한 음식을 먹는 장소'라고 한 번쯤 상상해 볼 수 있는 곳입니다. 사실 호텔은 머릿속에 그려지는 것처럼 숙박이나 식사 등에 관한 장소이기는 하지만 상상 속의 기능만 존재하는 곳이 아니라 우리가 생각하지 못하고 보편적으로 잘 알지 못하는 여러 기능이 한 곳에 모여 있는 곳입니다.

〈관광진흥법 제3조 제1항 제2호〉에서 호텔업은 "관광객의 숙박에 적합한 시설을 갖추어 이를 관광객에게 제공하거나 숙박에 딸리는 음식, 운동, 오락, 휴양, 공연, 또는 연수에 적합한 시설 등을 함께 갖추어 이를 이용하게 하는 업"이라고 규정되어 있으며, 호텔의 기원은 라틴어의 호스피탈레(Hospitale)로, '순례 또는 참배자를 위한 숙소'를 뜻했으며 이후 '여행자의 숙소 또는 휴식 장소, 병자를 치료하고 고아나 노인들을 쉬게 하는 병원'이라는 뜻의 호스피탈(Hospital)과 호스텔(Hostel)을 거쳐 18세기 중엽 이후에 지금의 뜻으로 바뀌게 되었습니다(*두산백과 인용).

이렇듯 호텔은 과거에는 숙박 및 음식 제공, 영리추구, 사회복리로서의 목적을 두었지만 지금은 결혼식, 관람회, 회사와의 국제적인 컨벤션, 기업의 미팅이나 파티, 또는 기자회견 등 그 목적이 과거와 다르게 변화하고 있는 것을 알 수 있습니다. 또한 요즘에는 관광객이 아닌 일반인들에게도 대중화되어 주말에 친구들과 파티나 모임을 즐긴다거나 힐링 등을 통해서 단순한 휴식과 숙박 장소로서의 기능은 물론 고객들이 집처럼 편안하게 즐길 수 있고 갤러리나 작은 음악회에 온 듯 하나의 문화공간으로의 장소로서, 그리고 휴가 때만 머무르고 비싸고 격식을 차려야 하는 장소가 더 이상 아닌 이전보다 우리가 더욱더 가깝게 다가갈 수 있는 변화된 현대적 호텔의 기능을 볼 수 있습니다.

📍 호텔은 어떻게 서비스를 제공할까? (리츠칼튼 호텔을 예시로)

대부분의 호텔은 고객들에게 최고의 서비스로 정성껏 대하려고 많은 노력을 하고 있습니다. 호텔에서 제공하는 서비스는 여러 가지가 있으며 이는 호텔마다 다르지만, 이것을 어떻게 손님에게 전달하느냐에 따라 서비스의 질이 차이가 난다고 볼 수 있습니다. 일례로, 이러한 서비스를 무기로 세계 최고의 호텔 체인 중 하나로 성장한 리츠칼튼 호텔(Ritz Carlton Hotel)을 소개해 볼까 합니다. 리츠칼튼 호텔은 다른 호텔들의 롤 모델로 지칭될 만큼 "꿈의 서비스"라고 불리는 서비스가 세계적으로 유명합니다. "ritzy"라는 단어를 사전에서 찾으면 "화려한" 혹은 "호화로운"이라는 뜻이 나오는데 이는 리츠칼튼 호텔에서 제공하는 서비스에서 유래된 단어라고 합니다. 그러나 리츠칼튼 호텔은 단지 화려함만을 추구하는 것이 아니라 직원 교육 프로그램이나 직원들의 서비스정신 등에 있어서 다른 호텔들에 비해 매우 뛰어난 면모를 보이고 있습니다.

실제로 리츠칼튼 호텔을 이용하는 고객들은 리츠칼튼을 "방문한다"라고 표현하지 않고 리츠칼튼 서비스를 "경험한다"라고 표현합니다. 예를 들어, 스타벅스에서는 단지 커피를 마시는 것이 아니라 그곳에서 분위기를 느끼고 본인만의 공부나 미팅을 한다든지 하는 기능인 커피를 마시는 장소가 아닌 분위기를 느끼는 스타벅스 경험(Starbucks experience)을 파는 마케팅을 하듯이 리츠칼튼 호텔도 서비스 면에서 이러한 마케팅을 시도하고 있습니다.

세계 어느 곳의 리츠칼튼 호텔을 이용하더라도 고객들이 "WOW(와!)"라고 감탄사를 터트리게끔 하는 것이 호텔리어들의 서비스 원칙입니다. 그렇기 때문에 리츠칼튼 호텔의 리조트에서는 임신한 고객을 위해 객실의 베개까지도 오리털 베개, 높은 베개, 솜 베개 등 여러 가지 종류의 베개를 구비해 놓고 그중 고객이 원하는 것을, 고객이 예약한 물건을 객실에 준비해 두는 세심한 배려를 보이고 있습니다. 집보다 더 편안하고 안전하게 머무를 수 있도록 작은 것 하나에도 신경을 쓰는 것 그것은 고객감동 서비스가 뭔가 특별한 것이 아니라 고객이 집이 아닌 곳에서도 집처럼 충분하게 휴식을 취할 수 있도록 서비스를 제공하는 것이 고객으로부터 감동을 받을 수 있는 최고의 서비스라는 생각을 기본으로 두고 서비스하는 것입니다. 또한 전 세계에 걸쳐 있는 리츠칼튼 호텔 간 손님의 정보를 공유하고 있으므로 예를 들어 일본 리츠칼튼 호텔에서 어떤 손님이 양파를 먹지 못한다는 정보를 올려놓으면, 정보가 전 세계에 걸쳐 있는 체인들로 전달됩니다. 그러므로 한국의 리츠칼튼 호텔에 있는 레스토랑에서도 그 손님은 양파가 들어있지 않은 식사를 제공받게 됩니다. 이러한 작지만 감동적인 서비스와 교육시스템이 고객들로부터 "WOW(와)"라는 감탄사를 터트리게 되고 당연히 고객들이 자주 찾게 되는 것입니다.

📍 호텔의 인적 서비스는 어떠할까?

호텔에서의 인적 서비스란 사람이 대인관계나 직접적으로 다른 사람을 상대하는 의미입니다. 호텔에는 많은 부서와 그에 따른 일들이 다르고 많기 때문에 다른 산업에 비해서 인적 서비스에 대한 필요도가 매우 높습니다. 그 이유는 서비스를 하는 것에 차별화를 두어서 다른 곳에서 받아 보지 못한 특별한 서비스를 제공하기 위함입니다.

우리가 호텔에 차를 타고 입장했다고 생각해 봅시다. 십중팔구는 고객이 차에서 내리면 그 손님을 맞이하는 도어맨(Door man)을 만나게 될 것입니다. 이후 로비에서 체크인, 체크아웃을 할 때 프런트(front desk) 직원들을 만나게 되고 우리의 짐을 객실로 들어다 주는 밸맨(Bell man) 그리고 주변 유명한 장소를 알려주는 컨시어지(concierge) 직원 등 도착해서 입구까지 많은 직원이 우리를 반깁니다. 또한 식당에서 입장해서도 우리를 반갑게 맞이하는데 직원이 창가를 원하는지, 금연석을 원하는지 본인의 취향에 맞게 자리를 선택할 수 있도록 자리를 안내해 주는 영접 직원이 있고, 식사를 하는 중에 직원을 부르지 않아도 식음료(F&B) 직원들은 고객들과 항상 시선을 맞추며 말하지 않아도 비워진 물잔에 물을 채워주며 고객의 주위에 머무르며 항상 주시하고 있습니다. 객실에 들어가서는 객실 정비를 원하면 하우스키핑(House keeping)에서 객실을 청소해 주고 레스토랑에 가지 않고도 룸서비스(Room service)를 통해서 방으로 직접 식사를 제공해 줄 것입니다. 이러한 부서별 인적 서비스는 호텔 직원들이 직무교육을 비롯한 많은 교육을 통해 능숙하게 자연스럽게 나오는 행동입니다. 또한 외국어 사항도 호텔에서는 매우 중요한 인적 서비스 요소입니다. 영어를 잘 못하는 일본인이나 중국인 손님들도 인적자원이 많은 특급 호텔에서는 주방에 중국인이나 일본인 요리사가 있기 때문에 요리사가 직접 고객과 일본어나 중국어로 대화하며 고객의 특이사항까지 놓치지 않고 세심하게 식사 주문을 받습니다. 또한 외국에서도 한국어를 할 줄 아는 호텔 직원이 있어서 우리가 영어를 잘 하지 못해도 한국어로서 원하는 주문과 서비스를 그대로 받을 수 있다는 점에서 사람들이 많은 비용을 투자하더라도 꼭 호텔에서 숙박하며 비싼 가격임에도 아깝지 않다는 생각을 하게 되는 요소이기도 합니다.

📍 호텔의 등급은 어떻게 나뉠까?

호텔은 그 형태에 따라 크게 특급호텔, 비즈니스와 리조트 형태로 나뉘게 됩니다. 또한 대부분의 서울 시내에 위치한 특급호텔들은 거의 비즈니스 호텔의 형태이며 각종 행사나 회의의 업무를 보면서 숙박, 숙식을 합니다. 호텔의 등급은 특1급, 특2급 또는 5성급 호텔이 있습니다. 세계적으로 사용되는 별(星)의 개수는 5개가 최상위 호텔의 모든 서비스를 제공하는 호텔(Full Service Hotel)로 특급호텔을 말하며, 두바이 호텔의 경우 7성급 호텔이라고 불리지만 사실 제공되는 서비스와 최고의 시설들을 강조하고자 이름을 붙인 것이고 실제는 5성급(5 STAR) 호텔입니다. 또한 위에서 언급했던 리츠칼튼 호텔을 포함하여 힐튼 호텔, 메리어트 호텔 등은 전 세계에 널리 퍼져 있는 체인 호텔입니다.

우리나라 호텔의 종류에는 그랜드 호텔, 특급호텔(특1급 ~ 특5급),

관광호텔(특1급~특3급), 저가의 비즈니스 및 객실 내 조리도구가 구비되어 있는 레지던스 등 다양하게 있습니다. 호텔 등급은 호텔이 서비스하는 객실의 종류와 서비스 그리고 수영장, 회의실, 레스토랑의 종류와 규모, 시설의 규모 등 시설과 서비스에 관한 전반적인 모든 것들을 파악하고 등급을 나누고 있습니다.

우리나라는 1971년 이후 지난 40여 년간 '무궁화' 등급이 사용되어 왔으나, 한국을 방문하는 외국인 관광객이 급증함에 따라 2014년 말에 외국인 관광객이 알아보기 쉽도록 국제적으로 통용되는 '별(Star Rating)' 등급체계로 변경되었습니다.

우리나라의 등급별 호텔 서비스 기준 정의는 다음과 같습니다.

1성급	고객이 수면과 청결유지에 문제가 없도록 깨끗한 객실과 욕실을 갖추고 있는 조식이 가능한 안전한 호텔
2성급	고객이 수면과 청결유지에 문제가 없도록 깨끗한 객실과 욕실을 갖추며 식사를 해결할 수 있는 최소한 F&B 부대시설을 갖추어 운영되는 안전한 호텔
3성급	청결한 시설과 서비스를 제공하는 호텔로서 고객이 수면과 청결유지에 문제가 없도록 깨끗한 객실과 욕실을 갖추고 다양하게 식사를 해결할 수 있는 1개 이상(직영, 임대 표함)의 레스토랑을 운영하며, 로비, 라운지 및 고객이 안락한 휴식을 취할 수 있는 부대시설을 갖추어 고객이 편안하고 안전하게 이용할 수 있는 호텔
4성급	고급수준의 시설과 서비스를 제공하는 호텔로서 고객에게 맞춤 서비스를 제공. 호텔로비는 품격 있고, 객실에는 품위 있는 가구와 우수한 품질의 침구와 편의용품이 완비됨. 비즈니스 센터, 고급 메뉴와 서비스를 제공하는 2개 이상(직영, 임대 포함)의 레스토랑/연회장/국제회의장을 갖추고, 12시간이상 룸서비스가 가능하며 휘트니스센터 등 부대시설과 편의시설을 갖춤
5성급	최상급 수준의 시설과 서비스를 제공하는 호텔로서 고객에게 최고의 맞춤 서비스를 제공. 호텔로비는 품격 있고, 객실에는 품위 있는 가구와 뛰어난 품질의 침구와 편의용품이 완비됨. 비즈니스 센터, 고급 메뉴와 최상의 서비스를 제공하는 3개 이상(직영, 임대 포함)의 레스토랑/대형 연회장/국제회의장을 갖추고, 24시간 룸서비스가 가능하며 휘트니스센터 등 부대시설과 편의시설을 갖춤

(*호텔업 등급결정사업 홈페이지 인용)

📍 다양한 호텔의 이름, 그 선정 기준은 무엇일까?

쉐라톤 그랜드 워커힐, W워커힐, 하얏트…. 호텔을 자주 찾는 사람이라도 이렇게 이름이 비슷비슷한 호텔들의 차이점을 잘 모르는 사람들이 많을 것입니다. 하지만 이러한 호텔의 이름에는 그 호텔이 타겟팅으로 하는 고객에 대한 우위가 정해져 있습니다.

호텔들은 각자의 호텔 등급과 주 고객층을 세분화해서 "고급브랜드, 대중브랜드 그리고 저가브랜드 혹은 레지던스형" 등 다양한 형태로 나뉘어 운영하고 있습니다. 예를 들어, 하얏트 계열의 호텔 이름에 앞뒤로 "리젠시, 그랜드, 파크" 등의 단어가 붙어 있는데 이는 그랜드 하얏트에서는 여행 경험이 풍부한 사람들을 타겟팅하여 호텔의 내부구조나 서비스가 따로 꾸며져 있고, 파크 하얏트는 주로 부유층의 휴식이나 힐링을 원하는 고객이, 마지막으로 하얏트 리젠시는 비즈니스맨 고객층으로 타겟팅하여 각각 다르게 운영하고 있습니다.

이 밖에 노보텔(Novotel)은 Nouveau(새로운)과 Hotel을 조합하였고 워커힐(Walkerhill) 호텔은 워커(Walton H. Walker) 장군의 이름에서 유래되었으며 리츠칼튼(Rizcalton) 호텔은 "호텔 중의 왕이며 왕들을 위한 호텔인"이라는 칭송을 받은 스위스 호텔계의 선구자 세자르 리츠(Cesar Rits)의 이름을 따서 유래된 것입니다.

이처럼 다양한 호텔의 이름과 유래는 각 호텔마다 이유와 특색이 있기 때문에 복잡하다고 생각할 수 있지만 그 유래와 이유를 알고 나면 재미있고 흥미로운 사실들을 발견할 수 있습니다.

2. 호텔의 그것이 알고 싶다

⊙ 호텔리어는 겉만 화려한 직업일까? NO

호텔리어는 외형적으로 화려한 호텔에서 일하며 멋진 유니폼 그리고 깔끔한 외형을 유지하고 있습니다. 하지만 호텔리어는 화려한 호텔의 시설을 이용하는 사람들이 아니라 그 시설을 이용하려는 고객들께 서비스를 제공하는 사람입니다. 그렇기 때문에 헌신적인 성격과 서비스 마인드가 매우 중요하다는 점을 부정할 수 없습니다. 따라서 호텔리어가 되고자 하는 사람은 화려한 겉모습에 매료되어 지원하는 것보다는 본인의 적성과 배울 점을 먼저 인식한 다음에 호텔리어로서 누릴 수 있는 복지 등을 생각하며 지원하는 것이 보다 올바른 판단일 것입니다. 말하자면 겉만 화려한 직업이 아닌 호텔리어 자체 내면이 아름답고 서비스 마인드가 좋은 사람이 멋진 곳에서 일하는 직업이다라고 생각하는 것이 조금 더 옳은 표현일 것입니다.

⊙ 호텔리어에게 어학은 정말로 중요할까? YES

호텔은 그 위치와 규모에 따라 외국인의 빈도수가 매우 많습니다. 공항 근처나 외국인이 많이 있는 상권에는 90%의 확률로 외국인이 있으므로 외국어는 호텔리어에게 있어서 필수적입니다. 그중에서도 세계적으로 널리 공용되어 쓰이고 있는 영어는 고객과의 의사소통을 하는 데 있어서 매우 중요한 역할을 합니다.

특히 손님께 직접 정보를 전달해야 하는 객실부와 식음료부에서는 영어 빈도수가 가장 많기 때문에 면접을 볼 때 중요하게 생각하는 요소입니다. 또한 제2외국어로는 일본어와 중국어가 중요합니다. 일본인 손님과 중국인 손님들이 평소에 많기 때문에 기본적인 회화를 숙지하고 이야기해 드리는 것만 해도 매우 많은 도움이 됩니다. (사실 호텔에서 쓰이는 어휘들은 한정적이기 때문에 익숙해지면 기본적인 의사소통은 가능하게 됩니다.) 그렇기 때문에 영어와 제2외국어의 중요성은 부정할 수 없이 매우 중요합니다. 그러므로 꾸준한 영어 공부와 제2외국어 습득은 호텔로 취업하기 위해서는 뗄래야 뗄 수 없는 관계임이 분명합니다.

📍 호텔리어에게 화려한 외모가 중요할까? NO

항상 많은 사람들을 다루고 만나는 호텔리어에게 화려한 외모보다는 부담 없이 다가가서 길을 물어볼 수 있는 정감 있고 호감 있는 이미지가 더 중요합니다. 고객에게 직접적인 서비스를 제공해야 하는 호텔리어는 외형적인 조건에는 정해져 있는 키 제한이 없습니다.

실제로 호텔에서 일하고 있는 호텔리어들은 작은 키를 가지고 있어 높은 굽을 착용해 손님과의 동등한 시선을 맞추려고 노력하고 있습니다. 반면 키가 너무 큰 지원자들은 낮은 굽을 이용하여 단점을 보완하고 있습니다. 하지만 키가 너무 작다면 채용 시 마이너스가 되는 것은 누구도 부인할 수 없습니다. 하지만 이러한 부분을 보완하기 위해서는 서비스 경력, 어학능력 또는 이미지 메이킹으로 단점을 극복한다면 충분히 좋은 결과를 가져올 수 있습니다. 항상 웃는 얼굴로 좋은 이미지를 주려고 노력하는 예비 호텔리어가 되도록 노력합시다.

⚲ 호텔리어는 자기계발을 할 수 있는 직업일까? YES

부서마다 조금 다르겠지만, 호텔리어는 사무직인 back office를 제외하고 대부분 2교대 혹은 3교대로 일하고 있습니다. 정해진 시간에 출·퇴근하기에 구애 받지 않는 사람들이라면, 출 퇴근시간의 바쁨과 스트레스에 신경 쓸 필요가 없습니다.

또한 본인에게 정해진 시간 이외에는 따로 추가로 근무를 서는 일이 거의 없기 때문에, 본인의 스케줄에 맞추어 배우고 싶은 것을 자유롭게 배우거나 다른 사람들과 교류할 수 있습니다. 그리고 호텔에서는 다양하고 많은 사람들을 접합니다. 이에 스스로 국제적 감각과 사람을 대하는 기술이 좋아져 대인관계가 좋아질 뿐더러, 본인이 열심히만 한다면 다른 곳의 스카우트 제의도 많이 받기도 합니다. 그러므로 호텔에서 일을 하게 된다면 원만한 대인관계와 자기계발을 할 기회가 많아져 점점 성장하는 자신을 발견하게 될 것입니다.

⚲ 호텔에서 일하면 생활비가 절약될까? YES

호텔마다 약간은 다르지만, 집이 멀거나 3교대를 해야 하는 호텔리어나 지원자를 받아서 무료로 숙식을 제공합니다. 또한 호텔에서 제공되는 유니폼이나 혜택들을 생각한다면 한 달 월급을 받아 집세와 관리비를 내야 한다는 지출에 대한 부담이나 매일 회사에 무엇을 입고 갈까 하는 고민 등을 거의 하지 않아도 된다는 큰 장점이 있습니다. 또한 부대시설 및 직원 할인 혜택으로 가족이나 지인들에게도 할인된 가격에 제공될 수 있습니다. 그러므로 호텔에서 근무하는 동안 사회생활에서 일반적으로 걱정할 수 있는 소소한 걱정거리들을 조금이나마 줄일 수 있을 것입니다.

📍 호텔전공자만 호텔에서 일할 수 있을까? NO

호텔에 입사하는 호텔리어의 60% 정도는 호텔학과 출신이지만, 그 외의 40%는 비호텔전공자 출신입니다. 주방에 꼭 필요한 기술을 가지고 있는 주방장의 조건인 조리학과 출신을 제외하고는 고졸 출신과 어문계, 관광계, 심지어는 공대 출신도 있습니다. 또는 전직 승무원, 관광업계 종사자, 크루즈 승무원, KTX승무원 등 비슷한 서비스업계에서 다양한 서비스 경력을 가지고 있는 사람들이 호텔리어가 되는 경우도 많습니다. 이러한 다양성이 공존하는 호텔업계는 본인의 적성에 맞고 능력이 있다면 충분히 도전해 볼 만한 일입니다.

📍 호텔 경력은 정말로 많은 도움이 될까? YES

호텔 경력은 서비스 경력에서 으뜸으로 여겨지며 이후 경력을 쌓고 도전할 수 있는 직업에는 외국 호텔에서 근무하거나 체인 호텔에 근무를 할 기회를 가질 수 있습니다. 또한 서비스 경력을 잘 살려 서비스 강사나 외국항공이나 국내항공의 승무원, 외식이나 컨벤션 업체에 근무할 수 있는 등 다양한 기회에 도전할 수 있는 경력을 쌓을 수 있게 됩니다.

3. 호텔리어는 어떤 직업일까?

1) 호텔리어란?

호텔리어(Hotelier)는 모든 호텔에서 근무하는 각 부서의 모든 종사원을 말합니다. 또한 호텔의 업무는 매우 다양하여 업무에 따라서 부서를 세분화하여 나누어 놓고, 서비스와 업무에 관한 교육을 직원들에게 철저하게 시켜서 손님들께 서비스에 대한 만족도를 최대한으로 끌어올리며 또한 실수를 최소한으로 줄이려고 노력하고 있습니다.

호텔은 24시간 영업과 업무의 특성상 2교대에서 3교대까지의 교대근무를 하기 때문에 동료들과의 신뢰와 의사소통 그리고 팀워크가 매우 중요합니다. 또한 사내에서 받는 교육 또한 다양한데, 입사와 동시에 소방교육, 성희롱 그리고 호텔영어 교육 등 다양한 교육을 받게 됩니다. 이러한 교육을 통해 단순히 호텔리어가 되는 것보다 사회인으로서 전문가가 되는 과정이라고 생각하면 됩니다. 신입사원 때부터 많은 경험이 있는 선배들처럼 일을 잘 다룰 수는 없겠지만 이러한 교육을 통해서, 그리고 차차 시간이 흐르면서 분명 전문적인 호텔리어가 될 수 있을 것입니다.

2) 부서별 호텔리어의 업무

호텔리어는 부서별로 제각기 맡은 업무의 일을 하게 되는데 호텔의 부서는 크게 객실, 식음료, 마케팅, 재무, 인사총무 등 5개의 부서로 나뉘며 가장 상위에는 총지배인(GM: General Manager)이 있습니다. 부서는 크게 Front Office(객실, 식음료, 연회 등)와 호텔의 사무업무, 관리업무 그리고 호텔리어들을 관리하게 되는 Back Office로 나뉩니다.

📍 객실 부서(Front Office)의 업무

객실 부서(Front Office Department 또는 Front Desk Department)는 고객들이 바로 로비에 들어오자마자 만나는 직원들로서 흔히들 "호텔의 꽃"이라고 불리는 부서입니다. 객실 부서의 업무로 리셉셔니스트(receptionist)는 고객이 호텔에 전체적으로 가지고 있는 불만이나 문의 전화에 대한 대응 업무나 체크인/아웃 업무 등을 하고, 기타 객실에 관련된 여러 가지 일들을 합니다.

컨시어지(concierge)는 출입문부터 객실 입구까지 전반적인 모든 일을 서비스합니다. 오퍼레이터(operator)는 예약, 정보, 불만 등의 모든 일들을 전화로 처리하는 서비스를 제공합니다. 따라서 고객을 직접 만나서 상대하지는 않지만 전화통화로서 진심을 담아내는 목소리나 태도가 매우 중요합니다. 또한 하우스키핑(housekeeping)의 룸 메이드(room maid)는 객실의 청소, 청결 상태, 소모품 등의 유지관리 업무를 하며 하우스맨(houseman)은 객실 물품관리와 최종 객실 점검을 합니다.

📍 식음료 부서(Food & Beverage Department)의 업무

식음료 부서(Food & Beverage Department)는 레스토랑 내에서 식사

와 음료를 제공하는 부서로서 식사 주문을 받고 음식을 나르는 서버(Server)인 홀 직원 F&B(Food and Beverage)와 요리를 만드는 주방직원(Cook)으로 나뉩니다.

또한 각 레스토랑과 로비 라운지, 연회(Banquet), 바(Bar) 등으로 근무하게 되는 부서가 장소별로 나뉘게 되며 연회에 관련된 사항은 연회장에서 가능한데 이곳에서 열리는 것들은 대개 회의, 강연, 결혼식 등 기념일의 행사, 기업 회의, 개인 모임, 설명회 등을 진행합니다. 로비 라운지(Lobby Lounge)에서는 커피나 간단한 스낵 등을 판매하며 바(Bar)에서는 칵테일이나 위스키 등의 주류나 음료 등을 판매하는 업무를 합니다. 식음료 부서가 이렇게 고객들을 직접 대하고 서비스했다면 이러한 식음료 부서(F&B Department)의 업무에서 발생되는 소득이나 호텔의 재정상태나 전체적인 개선방안을 직접적으로 해결하는 곳이 바로 back office의 업무입니다.

📍 Back Office 부서의 업무

Back Office 부서의 업무는 주로 사무관리업무를 다루고 있습니다. 그중에서 마케팅(Sales Marketing)은 호텔의 행사나 홍보에 이르기까지 각종 판촉의 업무를 하며, 고객이 어떤 것을 원하는지를 파악하여 끊임없이 개선점을 찾고 식음료와 객실의 패키지상품이나 프로모션을 지속적으로 함으로써 호텔의 수익창출에 가장 큰 역할을 하는 곳입니다. 재경(Accounting works)은 신용카드 또는 후불업무에 관련해 호텔 매출 계산이나 세무업무 등 금전에 관련되는 모든 일을 맡고 있는 부서입니다.

인사 부서(HR)에서는 호텔 직원의 근태 관리, 신입직원 관리와 함께 직원 복리후생 관리, 사원 및 퇴직자 사원증 및 보안 관리 등 호텔에서 일하는 직원들의 전체적이고 세세한 일들을 도맡아 하는 부서입니다.

📍 표로 세분화된 호텔의 업무

	프런트데스크 (Front Desk) 리셉션(Reception)	객실 체크인/아웃 업무, 고객 안내업무, 전화 응대 그리고 계산업무 등을 맡아 합니다.
객실부 (Front Office)	GRO ELF GSA	귀빈층(VIP) 고객을 주로 다루며 VIP 고객에 한해 각종 관광, 공연 안내 및 예약, 항공 스케줄 관리 등 투숙객을 위한 전반적인 비서업무를 맡아 합니다.
	게스트서비스 (Guest Service)	벨맨(Bellman), 도어맨(Doorman), 발렛파커(Valet Parker) 등이 있으며, 호텔 현관 안내 및 대리주차를 담당하면서 고객의 짐을 관리하는 업무를 합니다.
	컨시어지 (Concierge)	고객이 원하는 전반적인 업무를 다루며 짐 들기, 쇼핑안내, 관광지나 음식점 추천 그리고 티켓구매대행 등 고객이 원하는 것을 도와주는 일을 합니다.
	오퍼레이터 (Operator)	호텔에서 손님들과 전화로 응대하는 전화 서비스를 하는 업무입니다. Wake up call, 메시지 전달 또는 손님 연결 등을 하는 일을 합니다.
하우스키핑 (House- keeping)	하우스키핑 (Housekeeping) 룸메이드 (Room maid)	객실 및 호텔의 공공장소(Public Area)의 청결 관리, 여분의 침대(extra bad) 설치나 아기침대(Baby crib) 설치 서비스 그리고 분실물(Lost & Found)을 관리하고 보관하며 객실 내 필요한 모든 재고 관리를 하는 업무를 합니다.

	세탁 (Laundry)	호텔에서 소비된 네프킨이나 유니폼 등의 세탁 및 드라이크리닝(dry cleaning)을 담당합니다.
휘트니스클럽 (Fitness Club)	휘트니스클럽 (Fitness Club)	호텔의 고객 및 회원이 이용할 수 있는 헬스클럽과 수영장, 사우나, 골프장 등의 시설을 갖추고 운영하고 있습니다.
	휘트니스 클럽라운지 (Fitness Club Lounge)	휘트니스클럽(Fitness Club)을 이용하는 고객들을 위해 간단한 음료나 식사를 제공하는 업무를 합니다.
식음료부 (F&B)	연회장 (Banquet)	호텔에서 이루어지는 컨벤션, 가족모임, 결혼식, 세미나 등 각종 행사가 진행될 때 전반적인 서비스를 제공하는 업무를 합니다.
	바(Bar)	바(bar)에서 주문을 받고 음료나 간식을 제공하는 업무를 합니다.
	룸서비스 (Room Service)	호텔의 객실 내 고객을 위해 객실 안(in-room dining)으로 서비스를 제공하는 업무를 합니다.
	레스토랑 (Restaurants)	레스토랑에서 호텔 손님들의 주문과 주문된 음식 제공과 더불어 지속적인 서비스를 제공합니다.
주방 (Kitchen)	주방 (Kitchen)	전반적인 호텔에서의 연회, 행사, 레스토랑 등 손님이 주문하신 요리를 만들며 다양한 손님의 취향과 주문요구에 따라 요리를 하는 업무를 담당합니다.
	제과주방(Bakery & Pastry Kitchen)	전 호텔 내에 빵, 케이크, 디저트 그리고 초콜릿 등을 준비하고 제공하는 업무를 담당합니다.
	육류관리 (Butcher)	주방에서 쓰이는 육류나 생선류 등을 알맞게 손질해 제공하는 업무를 담당합니다.
	기물관리 (Stewarding)	호텔 내에서 사용된 것이나 재고로 있는 모든 기물의 세척 및 손질하고 관리하는 업무를 담당합니다.
판매 & 마케팅 (Sales & Marketing)	객실판매 (Room Sales)	객실의 판매를 촉진하고 홍보, 비즈니스 고객을 유치하고 관리하는 업무를 담당합니다.
	언론 홍보 (Public Relations)	호텔을 대중들에게 홍보하며 관련된 홍보나 행사에 참여하면서 프로모션을 진행하고, 대중매체의 응대를 담당합니다.

	레비뉴 (Revenue)	호텔의 전반적인 객실의 매출을 분석해서 매출을 극대화시킬 수 있는 방안을 모색하는 업무를 담당합니다.
	객실예약 (Room Reservation)	호텔 객실의 예약을 담당하고 판매하며 고객의 문제를 해결하고 원활한 의사소통을 담당합니다.
시설 (Engineering)	시설 (Engineering)	호텔의 전체적인 빌딩 관리와 보일러 등 기계장치의 수리, 보수가 필요한 객실에서 보수를 하는 업무를 담당합니다.
경영지원 (HR & GA)	경영지원 (HR & GA)	인사과(HR)에서는 전반적인 직원 관리와 직원의 상담 등 복리후생 관리 그리고 직원들의 교육을 진행하고 분석하는 업무를 담당하고 있으며, 지원팀(GA)에서는 대부분의 민원업무를 담당하고 있습니다.
재경 (Finance & Account)	회계 (Accounting)	전체적인 호텔의 수입과 지출을 관리하며 지불관리 또는 직원들의 급여를 담당하고 있습니다.
	구매, 보관 (Purchasing & Store)	호텔에 필요한 전반적인 자재의 구매와 보관을 담당하는 업무를 하고 있습니다.
보안, 안전 (Security & Safety)	보안, 안전 (Security & safety)	호텔 안팎의 안전과 고객의 신변을 보호하는 역할을 담당하고 있습니다.

4. 나의 호텔리어 적성 자가진단하기

📍 본인에게 맞는 문장에 체크해 보세요.

☐ 나는 여러 사람이 모인 집단에서 잘 어울리며 서로 협동하는 것을 좋아한다.

☐ 나는 자기개발과 스스로 발전하는 것을 좋아한다.

☐ 나는 외국인과 영어로 의사소통 하는 것에 자신 있다.

☐ 나는 영어는 잘 못하지만 배우려는 의지가 있다.

☐ 나는 남을 도와주는 것을 좋아한다.

☐ 나는 체력적으로 건강하다.

☐ 나는 평소에 잘 웃는다.

☐ 나는 선후배관계를 잘 존중할 수 있다.

☐ 나는 제2외국어가 가능하다.

☐ 나는 3교대 업무도 꺼리지 않는다(오전, 오후, 야간 교대업무).

☐ 나는 다른 사람의 의견을 충분히 수렴할 수 있다.

☐ 나는 사람들을 상대하는 것을 좋아한다.

☐ 나는 호텔리어가 어떤 업무를 하는지 잘 파악하고 있다.

☐ 나는 스트레스를 쉽게 받지 않는다.

☐ 나는 성숙한 사람이다.

☐ 나는 긍정적인 사람이다.

☐ 나는 인내심이 많은 사람이다.

☐ 나는 말투가 친절하다는 소리를 많이 듣는다.

☐ 나는 새로운 업무환경에 빠르게 적응할 수 있다.

진단에 따른 대처요령

0~3개   아직은 호텔리어가 되기에는 완벽한 자질을 가지고 있지는 않지만, 본인이 조금만 노력한다면 분명 멋진 호텔리어가 될 수 있습니다. 사람을 다루는 일을 한다거나 외국어 공부 등 많은 경험과 경력들을 지금부터 조금씩 쌓아가는 방법을 제안드립니다.

4~7개   호텔리어가 되기 위한 좋은 자질을 가지고 있습니다. 하지만 특급호텔이나 본인이 지원하고자 하는 호텔의 빠른 취업을 원하고 있다면, 무엇보다도 직접 부딪혀보는 것이 필요합니다. 많은 면접에 응시하는 것도 좋은 방법일 것입니다.

8개 이상   당신은 이미 전문적인 호텔리어! 많은 자질을 가지고 있는 당신에게는 꾸준한 인터뷰 연습과 이미지 메이킹을 통해 반드시 원하는 호텔에 입사할 수 있을 것입니다.

제 2 장

호텔리어가
되기 위한 준비

1. 국내 호텔과 채용과정 알아보기
2. 전국 호텔정보와 채용절차 알아보기
3. 호텔리어가 되는 합격의 비밀 "5G"를 기억하자

제2장

호텔리어가
되기 위한 준비

호텔리어가 되기 위해서는 어떤 면접 절차를 거칠까요? 그리고 내가 들어갈 만한 회사는 어디이며, 과연 그 호텔에서는 어떠한 인재상을 원할까요? 또한 호텔리어가 되기 위한 합격의 비밀인 "5G"를 샅샅이 알아보고 그것을 통해서 호텔리어가 되기 위한 준비에 한 발짝 다가가 보도록 하겠습니다.

1. 국내 호텔과 채용과정 알아보기
2. 호텔정보와 채용절차 알아보기
3. 호텔리어가 되는 합격의 비밀 "5G"를 기억하자
   1) Good Attitude: 좋은 태도를 유지하자
   2) Good Greeting: 인사를 잘하자
   3) Good Grooming: 깔끔한 외양을 유지하자
   4) Good Communication: 의사소통의 능력을 기르자
   5) Good Listening: 이야기를 잘 듣자

1. 국내 호텔과 채용과정 알아보기

호텔리어의 채용과정에는 주로 공개채용과 상시채용이 있습니다. 일반적인 공개채용은 구인광고 사이트를 통해서 채용을 지원하거나 알아볼 수 있습니다. 대표적인 구인광고 사이트로는 〈사람인 www.saramin.co.kr, 잡코리아 www.jobkorea.co.kr, 인쿠르트 www.incruit.com〉 등이 있습니다. 또한 상시채용은 본인이 원하는 호텔의 구인정보란에서 본인의 이력사항을 지원한 뒤 채용공고가 나면 수시로 회사에서 연락을 취하는 형식으로 진행되고 있습니다. 요즘은 거의 모든 호텔이 인턴이나 급하게 채용을 원하지 않는 이상 거의 상시채용으로 호텔리어를 채용하고 있으니, 이 책을 참고하여 국문, 영문 이력서와 자기소개서를 준비하여 이후 본인이 입사하기 원하는 호텔 웹사이트를 수시로 확인하여 지원하는 것이 좋습니다.

지원한 이후에 서류접수를 통과한 지원자들만이 면접에 참여할 수 있습니다. 그야말로 이력서가 매우 중요합니다. 이력서는 이 책의 제3장에 나오는 사진의 중요성과 국문과 영문의 이력서와 자기소개서 쓰는 방법을 참고하시기 바랍니다. 사진 또한 매우 중요한 요소이므로 시간을 내어 화장과 머리 그리고 면접복장도 신경 써서 갖춘다면 더할 나위 없이 좋을 것입니다.

이후 면접을 진행하게 되면 인사과에서 전화가 걸려오거나 문자메시지가 오게 되는데, 인사과에서 지원자에게 면접 날짜와 시간을 공지하게 됩니다. 그리고 나서 서류전형→2차 인사과 면접→3차 지배인 면접→4차 임원진 면접의 순서로 진행하게 됩니다.

2차 인사과 면접에서는 인성과 적성 검사를 바탕으로 한 지원자의 성향이 호텔과 잘 맞는지 질문 등을 통해서 전반적인 지원자의 자질을 평가하게 됩니다. 그리고 3차 지배인 면접에서는 같이 근무할 담당자와 업무에 관한 전반적인 질문을 하게 되는데 예를 들어, 지원자가 객실업무의 지원자라면 객실담당 지배인과 면접을 보게 됩니다. 이때에는 호텔 업무를 얼마나 알고 있으며 문제 발생 시 어떻게 해결해 나갈 것인지에 관련하여 질문을 함으로써 지원자의 자질을 평가하게 됩니다. 마지막 4차 임원진 면접에서는 지원자를 두고 실제 채용을 목적으로 면접을 보게 됩니다. 임원진이 직접 최종까지 면접을 실시하게 됩니다. 실무진과 임원진의 간단한 한국어와 영어 면접이 있습니다. 영어에 너무 겁먹지 말고 준비한 모습을 최선을 다해 보여주면 됩니다.

이 모든 과정을 거친 후에 합격을 하게 되면 추가적으로 신체검사를 하게 되며 이후 정식으로 입사하게 되는 것입니다. 앞으로 이 책의 독자들이 멋진 호텔리어가 되어 인생에서의 멋진 목표와 꿈을 이루며 전진하시길 바랍니다.

2. 호텔정보와 채용절차 알아보기

📍 호텔의 회사정보와 전형절차

 노보텔 앰배서더 호텔 Novotel Ambassadors Hotel

1. **회사정보:** 프랑스에 본사를 둔 아코르그룹(Accor Group)과 호텔합작
   및 경영에 관한 제휴를 맺고 있는 앰배서더그룹의 계열회사
   이며, 비즈니스와 리조트 시설이 고루 갖춰져 있습니다. 그
   랜드 앰배서더 서울, 노보텔 앰배서더 강남과 독산, 이비스
   앰배서더 서울과 명동, 부산과 함께 최상의 서비스를 제공하
   기 위해 최선을 다하고 있습니다.
2. **전형절차:** 서류심사→ 부서장면접→ 인사부면접→ 신체검사→ 최종합격

 라마다 호텔 Ramada Hotel

1. **회사정보:** 전 세계적으로 6,300여 개의 체인을 거느리고 있는 센던트
   호텔 브랜드 중 하나로 50개국 990여 개의 호텔이 있습니
   다. 한국에는 라마다 서울, 송도, 광주, 라마다 프라자 수
   원, 라마다 호텔앤스위트 남대문, 라마다 프라다 제주가 있
   으며, 비즈니스 호텔의 명성에 부합하는 현대적 설비의 비
   즈니스센터를 갖추고 있어서 비즈니스를 위한 최고의 호텔
   로 손꼽히고 있습니다.
2. **전형절차:** 서류접수→ 1차 실무자면접→ 2차 임원진면접→ 신체검사
   → 최종합격

롯데 호텔 Lotte Hotel

1. **회사정보:** 1936년 한국 최초의 민간 호텔인 "반도호텔" 개관을 시작으로 1972년 창립하여 고객사랑의 마음으로 아시아계 호텔로는 처음으로 2010년 러시아에 호텔을 개관한 이래 여러 아시아 국가에 개관을 준비하고 있습니다. "언제나 그 이상의 고객만족"을 위해 항상 노력하고 있습니다.
2. **전형절차: 상시접수(경력직):** 서류전형→ 역량면접, 실기시험→ 인성검사→ 신체검사→ 최종합격

   그룹공채: 서류전형→ 호텔 면접→ 신체검사→ 최종합격

 메리어트 호텔 Marriott Hotel

1. **회사정보:** 세계적인 호텔 체인 기업 메리어트 인터네셔널은 코트야드 바이 메리어트 서울타임스퀘어, JW메리어트호텔 서울, 메리어트 이그제큐티브 아파트먼트 서울이 있으며 그동안 세계 각국에서 쌓은 노하우와 서비스정신을 바탕으로 한국에서도 따뜻하고 적극적인 서비스로 고객들에게 최고의 서비스와 편안함을 선사하기 위해 많은 노력을 하고 있습니다.
2. **전형절차:** 서류전형→ 인성·적성검사→ 면접→ 신체검사→ 최종합격

메이필드 Mayfield Hotel & Resort

1. **회사정보:** 순수 국내자본으로 투자하여 특1급 호텔로 승격된 메이필드 호텔은 "Special & Nature"라는 슬로건으로 도심 속 자연공간을 지향하여 많은 녹지공간을 보유하고 있습니다. 단지 머무르는 공간이 아닌 눈과 마음이 여유로워지는 호텔로 거듭나기 위해서 많은 노력을 하고 있습니다.
2. **전형절차:** 서류접수→ 임원 및 부서장 면접→ 신체검사→ 최종합격

 반얀트리 호텔 Banyantree

1. **회사정보:** 반얀트리 호텔 앤 리조트(Banyantree Hotel & Resort)그룹은 바쁜 일상에서 벗어나 온전한 휴식과 개인적인 시간을 즐길 수 있도록 고객들이 도심에서 휴식을 즐기며 스파를 즐기거나 여유를 경험할 수 있도록 다양한 서비스를 제공하고 있습니다.
2. **전형절차:** 서류전형→ 인사부면접→ 부서장면접→ 총지배인면접→ 신체검사→ 최종합격

쉐라톤 호텔 Sheraton Hotel

1. **회사정보:** 세계적인 호텔 체인인 스타우드에서 경영하는 호텔로 쉐라톤 서울 디큐브시티, 쉐라톤 송도, 쉐라톤 그랜드 워커힐이 있으며 "Our warm and genuine care creates lifetime long connections(우리의 따뜻하고 진심 어린 보살핌이 평생 오랜 인연을 만든다)"라는 고객에 대한 슬로건을 내세우고 있습니다. 바쁜 현대인들과 주로 비즈니스맨들에게 많은 편의를 제공하고 있으며, 각종 콘퍼런스와 예식, 파티 행사 등을 진행할 수 있도록 많은 시설들을 구비해 놓았습니다.
2. **전형절차:** 서류전형→ 면접전형→ 온라인적성검사→ 건강검진→ 최종합격

 신라 호텔 Shilla Hotel

1. **회사정보:** "일상이 최고의 순간이 되는 곳"이라는 콘셉트로 휴식은 물론 고급 식문화, 예술, 뷰티, 쇼핑, 웨딩, 엔터테인먼트 등 고객의 고품격 라이프스타일을 제안하는 공간으로 어반라이프(Urban life) 스타일로 고객들에게 최고급 서비스를 제공합니다. 또한 서비스지향형, 변화지향형, 미래지향형 인재를 채용하는 데 우선을 두고 있습니다.
2. **전형절차:** **신입:** 서류전형→ 인성·적성검사→ 실기전형→ 임원면접→ 신체검사→ 최종합격

   경력: 서류전형→ 전문성면접→ 임원면접→ 처우협의→ 신체검사→ 최종합격

워커힐 호텔 Walkerhill Hotel

1. **회사정보:** 쉐라톤 그랜드 워커힐, W서울 워커힐, 워커힐 면세점 등 여러 분야의 사업분야를 진행하고 있는 워커힐의 인재상은 서비스인, 전문인, 세계인으로 환대산업을 선동하는 인재채용에 있어서 국제적 감각과 세계인의 동반자가 될 수 있는 서비스 전문인 양성과 대 고객 서비스에 많은 노력을 기울이고 있습니다.
2. **전형절차: 정기채용:** 입사지원(온라인 접수) 및 면접→ 어학 테스트 및 인성검사→ 면접→ 신체검사→ 최종합격
   수시채용: 서류전형→ 직무전문성 면접/인성검사/신체검사→ 임원면접→ 처우협의→ 신체검사→ 최종합격

 웨스틴 조선 호텔 The Westin Chosun Hotel

1. **회사정보:** 1914년 우리나라 최초의 호텔인 조선 호텔을 시작으로, 1974년 외국인 투자자에 의해 세계적 호텔 체인인 지금의 웨스틴 조선으로 명칭이 바뀌게 되었습니다. 또한 지속적인 리노베이션을 통해 최상의 시설과 품격 있는 서비스를 제공해 세계 유력 잡지에서 서울 최고의 호텔로 선정되고 있습니다. 2013년에는 PTOC(Personal Touch of Chosun) 서비스를 실시하여 고객이 원하는 것을 맞춤형 서비스로 제공하고 있습니다.
2. **전형절차:** 서류전형→ 실무면접 및 임원 면접(혹은 구술/실기 테스트)→ 신체검사→ 최종합격

이비스 호텔 Ibis Hotel

1. **회사정보:** 프랑스에 본사를 둔 아코르그룹(Accor Group)과 호텔합작 및 경영에 관한 제휴를 맺고 있는 앰배서더 그룹의 계열회사 이며, 이비스 앰배서더 강남, 명동, 수원, 인사동이 있습니다. 이비스 앰배서더는 합리적인 가격과 고품격의 맞춤형 서비스를 유지하고 고객에게 꼭 필요한 시설과 서비스를 제공하기 위해, 특급호텔의 서비스들을 과감히 배제하였습니다. 예를 들어 고객들에게 필수적으로 필요하지 않는 벨맨, 도어맨, 대리주차와 같은 불필요한 서비스를 없애는 반면 고객들의 만족을 충족시키며 집과 같은 편안한 느낌을 드리기 위한 필수적인 서비스와 시설은 반드시 제공하고 있습니다.
2. **전형절차:** 서류전형→ 개별면접→ 경력조회→ 건강검진→ 최종합격

 인터컨티넨탈 호텔 Intercontinental Hotel

1. **회사정보:** 인터컨티넨탈 호텔(Intercontinental Hotel)그룹의 호텔로 고객중심의 사고지향, 국제적 감각을 구비하며 전문지식과 태도를 겸비한 인재채용에 온 힘을 쏟고 있습니다. 또한 그랜드 인터컨티넨탈 서울 파르나스와 코텔스 호텔은 서울의 비즈니스와 문화의 중심지인 한국종합무역센터, 코엑스 컨벤션센터, 한국도심공항과 근접해 있어 국제적인 비즈니스 여행객을 위한 최적의 조건을 갖추고 있습니다.
2. **전형절차:** 서류전형→ 현업면접→ 임원면접→ 신체검사→ 최종합격

콘레드 호텔 Conrad Hotel

1. **회사정보:** 세계적인 여행지 콘데나스트 트레블러의 '베스트 뉴 호텔' 중 하나로 선정된 콘래드 서울은 세련된 서비스를 통해 새로운 차원의 럭셔리 경험을 선사합니다. 서울에서도 가장 최신의 스타일리쉬 함과 고급스러움과 세련미 그리고 최고의 서비스를 제공하고 하고 있으며 아시아와 유럽 및 미국을 비롯해 전세계 20여 개가 넘는 호텔을 보유한 글로벌 브랜드로 다른 어떤 호텔들과도 차별성을 무기로 두고 있습니다.

2. **전형절차:** 서류접수→ 2차 해당 부서(부서장, 디비죤 헤드) 면접→ 3차 인사부(채용담당자 또는 인사담당 임원) 면접→ 4차 총지배인 면접(필요에 따라)→ 신체검사→ 최종합격

플라자 호텔 The Plaza Hotel

1. **회사정보:** 플라자 호텔은 국내 최고의 부띠크(Boutique) 호텔로서, 고객 동선 하나하나에 스며 있는 섬세한 서비스, 국제 비즈니스 도시 서울의 편리를 모두 갖춘, 스타일과 편리를 추구하는 현대 비즈니스맨을 위한 "완벽한 호텔"을 지향합니다. 항상 새로운 가치를 통해 발전하며 미래지향적이고 독창적인 가치를 추구합니다.

2. **전형절차:** 서류전형→ 면접전형→ 인성ㆍ적성검사→ 신체검사→ 최종합격

하얏트 호텔 Hayatt Hotel

1. **회사정보:** 하얏트호텔앤드리조트(Hyatt Hotels & Resorts)의 체인 호텔
   에는 파크하얏트(Park Hayatt), 그랜드 하얏트(Grand Hayatt),
   하얏트 리젠시(Hayatt regency) 등이 있으며, 세계적인 경제
   전문지 ≪아시안 월스트리트저널 The Asian Wall Street
   Journal≫이 아시아, 태평양 지역의 비즈니스 여행객을 대상
   으로 한 조사에서 1997년 이래 4년 연속 서울특별시 최고
   호텔로 선정되는 등의 세계적인 체인 호텔에 걸 맞는 서비스
   와 경영을 하고 있습니다.
2. **전형절차:** 서류전형→ 인성·적성검사→ 인사 팀 및 부서장 면접→ 임
   원진 면접→ 신체검사→ 최종합격

홀리데이인 Holiyday Inn

1. **회사정보:** 홀리데이인은 인터컨티넨털 호텔그룹의 일원으로서 "몸과 마
   음의 평화"를 고객들에게 선사하는 것을 우선시하며 항상 최
   선의 노력을 다하고 있습니다. 객실, 레스토랑, 연회장, 비즈
   니스센터와 휘트니스센터 등을 갖춘 국제적인 특급 비즈니스
   호텔과 더불어 세계적인 명성을 자랑하는 홀리데이인의 오랜
   전통과 세심한 배려, 고객 한 분 한 분을 진정한 VIP로 모시
   는 정성으로 고객을 대하고 있습니다.
2. **전형절차:** 서류전형→ 실무면접→ 임원면접→ 신체검사→ 최종합격

힐튼 호텔 Hillton Hotel

1. **회사정보:** 전 세계 78개국에서 540개 이상의 체인을 가지고 있는 힐튼
호텔은 객실부터 객실용품까지 고객들을 위해서 디자인되어
졌다고 해도 과언이 아닙니다. 그리고 힐튼 호텔 어디를 가든
지 직원들은 국제적인 감각과 따뜻한 마음으로 서비스합니다.
또한 힐튼 호텔은 친환경적인 요소들을 지키며 호텔 이상의
(We're more than just a hotel) 지구시민(we're a global
citizen)으로서의 역할도 열심히 하고 있습니다.

2. **전형절차:** 서류접수 → 2차, 3차 인사부 및 부서장 면접 → 4차 최종
임원면접 → 신체검사 → 최종합격

3. 호텔리어가 되는 합격의 비밀 "5G"를 기억하자

1) Good Attitude: 좋은 태도를 유지하자

호텔 안에서 호텔리어들은 호텔을 대표하는 유니폼을 입고, 품위 있는 태도로 고객 한 사람 한 사람을 접객합니다. 태도란 내가 다른 사람에게 보여지는 모습으로 그동안 자신에게 함축되어 있는 모습이 그대로 나타나기도 합니다. 가령, 본인의 실제 성격이 급하거나 평소에 여유가 없이 양보를 하지 않은 채 지내왔다면, 면접 때에도 그 모습이 그대로 나오게 됩니다.

면접관들은 호텔 실무와 면접에 관해서는 전문가들입니다. 그동안 면접 진행으로 사람들을 수도 없이 접해 왔을 것입니다. 면접자의 태도는 그들에게도 여지없이 포착될 것입니다. 심지어 면접관들이 면접 시 신입사원을 뽑을 때 중요하게 여기는 점이 다른 부수적인 면들보다 바로 "태도"에 제일 큰 주안점을 두는 이유 중 하나입니다. 그러므로 본인이 호텔리어가 되기로 마음을 정했다면, 본인이 호텔리어라고 항상 생각하면서 낯선 사람의 질문이나 부탁에 최선을 다해서 대답하고 적극적인 모습으로 행동하는 것이 중요합니다. 그렇게 조금씩 본인을 적극적이며 여유 있는 태도로 바꾼다면 면접에서도 좋은 인상과 태도가 좋은 지원자임을 면접관들의 머릿속에 심어줄 수 있을 것입니다.

2) Good Greeting: 인사를 잘하자

호텔리어들은 로비에서 항상 손님들을 접객하면서 눈을 맞추며 (Eye-contact) 먼저 인사를 건넵니다. 인사라는 것은 상대방에 대한 인지에 의한 반응이며 이것이 사람의 기분을 좋게 만드는 것은 분명합니다. 손님들은 본인에 대해서 알아봐주고 대우받기를 분명 원합니다. 그렇기 때문에 인사라는 것은 제일 기본적이며 무엇보다도 중요한 일인 것입니다.

면접을 볼 때도 마찬가지로, 주변에 있는 모든 사람들이 나를 주시하고 있습니다. 그렇기 때문에 눈이 마주치면 가볍게 눈 인사를 하며, 본인이 이 직업에 대해 진지하게 생각하며 적성에 맞는다는 것을 한 번 더 사람들에게 각인시켜 주게 되는 것입니다.

3) Good Grooming: 깔끔한 외양을 유지하자

깔끔한 외양이라는 것은 실제로 보여지는 이미지를 말하는 것이 더 큽니다. 깔끔한 유니폼, 헝클어지지 않은 머리모양, 깔끔한 손과 손톱 그리고 잘 유지되어 있는 화장 등 호텔리어라는 직업상 사람들을 많이 대하고, 내 스스로가 회사의 이미지인 만큼 크게 신경 써야 하는 부분이기도 합니다.

만약 유니폼에 이물질이 묻어 있거나 머리가 헝클어져 있고, 호텔리어의 손이 지저분했다는 이미지를 주었다면 그것은 회사의 이미지와 바로 직결되기 때문에 본인 스스로가 깔끔한 외양을 유지하는 것은 매우 중요한 일입니다. 실제로 특급호텔들은 이러한 이미지에 관련된 부분을 중요시 여겨 인테리어는 물론이고 직원들의 이미지와 외양에도 항상 신경을 씁니다. 그렇기 때문에 평소에 항상 거울을 보며 본인의 모습을 체크하는 습관을 들이는 것이 좋습니다. 면접 시, 어떻게 깔끔한 외양으로 면접에 임하면 좋을지에 대해서는 본 책의 제5장 〈마지막 최종지원하기〉에서 자세히 다루고 있으니 참고하시기 바랍니다.

4) Good Communication: 의사소통의 능력을 기르자

사람을 다루는 직업에서 사람들과 소통할 때는 어떤 방법으로 소통을 하는지가 매우 중요합니다. 좋은 의사소통 능력이라는 것이 사람과 사람과의 관계를 더욱 더 유연하게 해 준다는 것은 부정할 수 없는 사실입니다.

의사소통이라고 하는 것은 크게는 "대화가 통한다" 또는 "가능한 언어로 이야기가 통한다"라는 부분이 큽니다. 예를 들어, 일본인 손님에게는 일본어로 언어 서비스를 하는 것, 중국인 손님에게는 영어보다는 최대한 중국어를 사용해서 의사소통하는 것이 좋은 교감을 형성할 뿐더러 효율적인 의사소통의 예일 것입니다. 하지만 제2외국어 실력이 크게 뛰어나지 않더라도, 상황에 대한 높은 감각과 서비스 마인드가 있다면 언어적인 능력을 커버할 수도 있습니다. 그렇지만 다양한 외국인들을 접하며, 각각 다른 손님들과 의사소통을 해야 하는 일들이 많은 호텔이기에, 지금부터 천천히 영어와 제2외국어를 틈틈이 익혀 더욱더 효율적인 의사소통 능력을 기르는 데 노력하는 것이 좋습니다.

5) Good Listeneing: 이야기를 잘 듣자

대부분의 좋은 인간관계를 유지하거나 "저 사람 참 괜찮다"라는 이야기를 듣는 사람들의 특징은 말을 할 때 자신의 말을 하기보다는 상대방의 이야기를 더 잘 들어준다는 공통점이 있습니다. 문제가 일어났을 때, 이야기를 늘어뜨려 해명하는 것보다는 화가 나 있거나 언짢아하는 손님들의 마음을 헤아리며 이야기를 잘 듣는 태도가 매우 중요합니다. 이것은 상대방에게 "나는 당신의 마음을 헤아리며 이해합니다"라는 느낌을 강하게 줄 수 있는 방법입니다.

호텔에 투숙하거나 방문하는 손님들은 거의 대부분 높은 가격을 지불하며 이용하므로 많은 서비스를 기대하는 것이 사실입니다. 그렇기에 많은 컴플레인이 속출하기도 합니다. 다만, 이러한 상황에서도 일어난 일에 대한 문제를 잘 듣고 공감하는 것만으로도 좋은 결과를 이루어 낼 수 있습니다.

제3장

한 번에 합격하는
이력서 비법

제3장
한 번에 합격하는
이력서 비법

면접을 보기 위해서는 꼭 통과해야 하는 부분이 바로 서류전형입니다. 이렇게 중요한 서류면접을 통과하기 위해서는 분명 비법이 있을 것입니다. 이 장에서는 어떻게 하면 한 번에 합격하는 이력서를 완성할 것인지에 대해서 알아보도록 하겠습니다.

1. 비법 1_ 사진에 목숨을 걸자
2. 비법 2_ 이력서 작성도 요령이 있다
3. 비법 3_ 국문 이력서와 영문 이력서는 한 장으로 쉽게
4. 비법 4_ 자기소개서는 항상 소제목을 만들자
5. 비법 5_ 이력서의 예상질문도 꼼꼼히 공부하자
6. 비법 6_ 면접은 전화에서부터 시작한다

1. 비법 1_ 사진에 목숨을 걸자

면접을 보기 위해서는 단연 서류통과가 제일 중요합니다. 이러한 서류통과에서 면접관들이 제일 많이 보고 또 제일 처음으로 검토하는 것이 무엇일까요? 바로 사진입니다.

그렇기 때문에 제목처럼 서류전형 시 목숨을 걸어도 아깝지 않은 것이 이 사진이기도 합니다. 그렇다고 해서 연예인같이 값비싼 프로필 사진을 필수로 찍어야 하는 것이 아니라, 사진을 찍기 전에 더 좋은 이미지를 주기 위해서 머리손질이나 메이크업을 정성스레 준비하고 무엇보다도 중요한 웃는 모습을 잊지 않도록 하는 것입니다.

예를 들어, 똑같은 배경의 지원자가 있다면 어떤 것을 보고 두 지원자를 판단할지를 한 번 생각해 봅시다. 매일 사람을 다루며 첫인상이 가장 중요한 호텔에서는 바로 이미지라는 것에 많은 비중을 두고 있습니다. 사진은 아래의 남, 녀 "좋은 지원자 사진의 예"를 보고 참고하는 것이 좋습니다.

이 여성 지원자는 단발머리의 단정한 지원자입니다. 귀에 딱 붙는 귀걸이를 착용하였고 화장도 유행에 민감하지 않았으며 전체적으로 화장이 눈과 입술에 포인트를 주어 서비스인의 전문적인 느낌이 잘 느껴지게 사진촬영을 하였습니다.
또한 제일 중요한 미소 또한 잊지 않았으며, 면접관이 처음 서류를 보았을 때 매우 호감

_좋은 지원자 사진의 예

있는 모습으로 보여져서 서류합격의 가능성이 매우 높은 지원자 사진의
예입니다.

이 남성 지원자는 전체적으로 전문적이고
말끔한 느낌을 주는 이미지입니다. 유행을
따르지 않는 헤어스타일로 너무 길지도 않
고 짧지도 않게 정리해서 신뢰가 가는 느낌
을 주고 있습니다.

또한 넥타이나 정장의 색깔도 크게 유행을
타지 않는 색이기 때문에 신뢰감에 플러스
요인이 되고 있습니다. 요즘에 남성 지원자
들도 긍정적인 이미지와 신뢰의 이미지를

_ 좋은 지원자 사진의 예

발산하기 위해서 눈썹 정리와 피부 톤 보정을 점점 하고 있습니다. 사
진 촬영 시에도 이 남성 지원자처럼, 은은한 미소를 띄워 신뢰감과 친
절한 이미지를 준다면 분명 서류통과에 높은 점수를 받을 수 있을 것
입니다.

2. 비법 2_ 이력서 작성도 요령이 있다

호텔 입사 시 입사지원서는 지원하는 호텔 자체의 양식으로 다운받아 지원합니다. 하지만 몇몇의 호텔에서는 자유형식의 국문/영문 이력서를 원하는 곳도 있습니다. 영문 이력서는 Resume, Curriculum vitae(CV) Personal record라고 칭하며 이력서 안에는 인적사항, 학력, 경력, 취미나 특기, 봉사활동, 수상내역 등을 기재하고 최근 순서가 맨 위에 오게 작성하면 됩니다. 그 형태가 표로 만들어진 형태이든 작문식의 형태이든 어느 것이나 상관없습니다. 그리고 국문 이력서와 자기소개서 그리고 영문 이력서와 자기소개서를 추가하면 됩니다.

항상 사람을 대하는 호텔에서는 이력서와 자기소개서 그리고 사진도 함께 첨부해야 합니다. 사진은 이전 절에서 강조하였듯이 좋은 인상을 주기 위해서 환하게 웃는 연습을 꾸준히 해서 사진에서도 환한 표정으로 찍도록 합니다. 대부분의 지원자가 생각하기에는 높은 학력, 많은 경력이 서류합격의 지름길이라고 생각하지만, 지원하는 부서가 원하는 학력과 너무 짧게 일한 경력이 많다면 도리어 부작용을 가져올 수 있습니다. 그러니 지원하는 부서에 맞게 학력과 경력을 씁니다. 또한 A4용지 한 장 정도면 이력서는 충분하니 넘치거나 부족하지 않게 작성합니다. 자유형식으로 이력서를 쓸 때, 꼭 기억해야 할 사항이 있습니다. 국문 이력서는 오래된 사항부터 위에 기입하고 최근의 사항일수록 아래에 오게 하는 데 반해, 영문 이력서는 최근 순이 위에 오도록 합니다. 이력서를 쓰기 전에 작성요령 방법을 먼저 익히고 이력서를 작성하도록 합시다.

1) 인적사항(Biographical 또는 Personal Data)

이름, 생년월일, 나이, 전화번호, 이메일 주소, 현주소, 성별, 가족 관계, 결혼유무 등의 사항을 기록합니다. 영문 이력서에 관련하여, 이름은 본인의 영어이름을 먼저 쓰고 그 뒤에 성을 씁니다. 이것을 full name이라 칭합니다. (예: 김영희 - Younghee Kim, 박상기 - Sangki Park, 김보경 - Bokyung Kim 등의 full name으로 기입) 생년월일은 날짜/월/연도 순으로 기입합니다. 이후 괄호를 넣어서 아라비아 숫자로 만 나이를 기입합니다. (예: 14/JUL/2002(만 19세), 03/DEC/2001(만 20세) 등으로 기입) 전화번호는 집 전화번호(Home phone number)와 휴대폰번호(Mobile phone number) 모두 기입합니다. 한국 국가번호는 +82이며 이후 집 전화번호는 지역번호와 집 전화번호 순, 휴대폰번호 순으로 기입합니다. (예: +82 - 2 - 123 - 4567, +82 - 1012345678 등으로 기입) 이메일(E - mail) 주소는 호텔 인사과에서 인성, 적성 검사를 원하거나 간단한 정보를 지원자에게 보내줄 때 이용할 수 있는 중요한 수단입니다. 따라서 정확하게 기입하여야 합니다. 현재 거주하고 있는 주소를 영어로 기입할 때는 뒤의 주소부터 적습니다. 만약 정확한 주소를 모르면 우체국 사이트의 영문주소를 검색하여 정확하게 기입합니다. 성별은 남자는 male, 여자는 female로 기입합니다. 결혼유무는 미혼자는 single, 기혼자는 married로 기입합니다.

2) 학력(Education Background)

학력란은 보통 고등학교 학력부터 기록합니다. 이후 대학교의 전공과 부전공까지 기록하며 외국에서 이수한 교육도 포함시켜 이곳에 기입합니다. 기입란은 입학과 졸업, 성적, 학교이름, 학교위치, 전공 또는 부전공, 학위가 들어가도록 정확하게 기입합니다. 국문 이력서는 고등학교, 대학교 순으로 오래된 사항이 위에 오도록 기입하지만 영문 이력서는 대학교, 고등학교 순으로 최근 사항이 위에 오도록 기입합니다. 또한 고등학교는 졸업(Graduated)으로 표기, 대학교는 2년제 전문학사는 Diploma로 기입, 4년제는 Bachelor, 석사는 Master, 박사는 ph.D로 기입합니다.

(예: 03/2020~02/2022, Department of Hotel management(4.0/4.5, Diploma), Hankuk college, Suwon, South Korea)

하지만 고졸 이상의 학력을 원하는 부서에 굳이 석사나 박사급의 학력을 기입한다면 부작용이 일어날 수 있으니, 고학력을 가지고 있더라도 그 부서에 맞게 낮추어 적당한 학력의 조건을 기입하는 것이 합격에 매우 중요한 역할을 할 것입니다.

3) 경력(Working Experience)

경력란은 직장명과 근무기간은 국문에서는 오래된 사항이 위에 오도록 하고 영문은 최근 순서대로 기입하며 또한 병역사항은 입대일과 근무처, 계급을 함께 기입합니다.

아르바이트 경험은 최소 6개월 이상을 쓰는 것을 선호하며, 특히 서비스직을 지원하는 지원자라면 서비스 경험을 지금부터 많이 쌓아두는 것이 좋습니다. 또한 호텔에서 연회장에 지원하여 아르바이트를 할 수 있으니 경험이 없는 지원자는 차근히 직무와 관련된 경험을 쌓는 것이 좋습니다. 만약 경력이 없더라도 학교에서 받았던 수업내용이나 교회 등에서 활동했던 일도 훌륭한 경력이 될 수 있으니 본인이 어떤 식으로 일을 했고 무엇을 배웠는지 기술하는 것도 좋은 방법입니다.

4) 자격사항 또는 수상(Skill and Award Records)

호텔은 외국인과의 접촉이 많습니다. 그래서 먼저 어학적인 자격사항(Language skill)은 매우 중요합니다. 왜냐하면 메뉴추천, 장소안내 그리고 전화응대 등의 모든 업무가 내국인을 비롯하여 외국인을 대하는 직업이기 때문입니다. 영어를 비롯하여 일본어, 중국어 등 제2외국어가 필요한 직업이니 기초적인 언어실력과 자격증 취득 또한 매우 중요한 요소입니다. 본인이 가지고 있는 외국어 공인점수와 외국 경험이 있다면 자격사항에 어학자격으로 기입하는 것이 좋습니다.

또한 서비스에 필요하거나 본인이 지원하는 부서에 도움이 될 만한 자격증을 기입하는 것이 좋습니다. 예를 들어 조주사자격증, 조리사자격증, 호텔서비스사자격증 등 본인이 지원하는 분야에 적합한 준비를 해 두었다는 느낌을 면접관들에게 주면 좋습니다. 또한 재학시절 본인이 받은 수상내역이 있으면 이곳에 함께 기입합니다.

5) 취미와 특기, 봉사활동(Interests, Extracurricular Activities & Others)

　본인의 취미와 특기, 여행경력이나 봉사활동 내역 등을 기입합니다. 독서나 영화감상 같은 모든 사람들이 다 하는 취미보다 본인이 정말로 즐기고 지원자의 개성이 느껴지는 취미나 특기가 더 중요합니다. 예를 들어 마술 배우기, 블로그 관리, 칵테일 만들기 같은 다른 지원자에게서 찾지 못했던 취미나 특기가 있다면 분명 면접관은 면접자에 대해 흥미를 느끼며 질문할 것입니다. 항상 어떻게 자신의 강점과 개성을 드러낼 수 있을지 생각해 봅시다. 봉사활동 관련은 지원자의 평소 사회활동의 참여에 관하여 검토하는 사항이기 때문에 대학생 때의 농촌봉사활동이나 꾸준한 기부활동 같은 사소한 일도 기입할 수 있으니 본인이 참여했던 사회적 봉사활동에 대해서는 되도록 기입하는 것이 좋습니다.

3. 비법 3_ 국문 이력서와 영문 이력서는 한 장으로 쉽게

앞에서 알아본 것과 같은 이력서의 기본적 요소를 생각하며 한 장으로 간단하고 명료하게 쓰는 이력서를 작성해 봅시다. 이런 이력서가 보기에도 깔끔하고 눈에 쉽게 들어오기 때문에 보통 이력서를 제출하는 데에 있어서는 한 장 이력서를 매우 선호합니다. 이제 각각 국문과 영문의 자유 이력서의 예시를 보여드릴 것입니다. 잘 참고하셔서 한 장으로 간단하고 임팩트 있는 이력서를 작성하시기 바랍니다.

★국문 이력서★

<table>
<tr><td rowspan="3"></td><td>이　름</td><td colspan="2">최사라(崔사라)</td><td>E-mail</td><td colspan="3">tobeanhotelier@gamil.com</td></tr>
<tr><td>생년월일</td><td colspan="2">2001년 7월 14일
(만 20세)</td><td>연락처</td><td colspan="3">(휴대폰) 010-1234-5678
(집전화) 02-123-4567</td></tr>
<tr><td>주　소</td><td colspan="6">서울특별시 서대문구 창천동 123-456번지</td></tr>
<tr><td rowspan="3">학　력</td><td>기　간</td><td colspan="2">학　교</td><td>전　공</td><td>성　적</td><td colspan="2">지　역</td></tr>
<tr><td>2017/03~2020/01</td><td colspan="2">한국고등학교</td><td>문과</td><td></td><td colspan="2">서울특별시</td></tr>
<tr><td>2020/03~2022/02</td><td colspan="2">한국대학교</td><td>호텔경영학</td><td>3.5/4.5</td><td colspan="2">서울특별시</td></tr>
<tr><td rowspan="3">경력사항</td><td>기　간</td><td colspan="2">회　사</td><td colspan="2">직　위</td><td colspan="2">지　역</td></tr>
<tr><td>2020/05~2021/01</td><td colspan="2">한국 웨딩홀</td><td colspan="2">직원
(홀내 청소, 신부 가이드)</td><td colspan="2">서울특별시</td></tr>
<tr><td>2021/01~현재</td><td colspan="2">아웃백</td><td colspan="2">서버
(음식 서빙, 고객환대)</td><td colspan="2">서울특별시</td></tr>
<tr><td rowspan="3">외국어</td><td colspan="2">외국어명</td><td colspan="2">회　화</td><td colspan="2">작　문</td><td>독　해</td></tr>
<tr><td colspan="2">영어</td><td colspan="2">E</td><td colspan="2">E</td><td>W</td></tr>
<tr><td colspan="2">일본어</td><td colspan="2">W</td><td colspan="2">F</td><td>F</td></tr>
<tr><td></td><td colspan="7">[E: Excellent (-우수) W: Well (보통) F: Fair (약간)]</td></tr>
<tr><td rowspan="4">자격증</td><td colspan="5">자격증명</td><td colspan="2">취득일</td></tr>
<tr><td colspan="5">조주사자격증</td><td colspan="2">2019/07/20</td></tr>
<tr><td colspan="5">레크리에이션지도자 1급</td><td colspan="2">2019/01/30</td></tr>
<tr><td colspan="5">컴퓨터활용능력 1급</td><td colspan="2">2020/11/05</td></tr>
<tr><td>기타사항</td><td colspan="7">봉사활동 : 노숙자들을 위한 봉사활동(2020/05)
유럽여행 : 영국, 프랑스, 독일, 이탈리아(2019/07)
취미 : 칵테일 제조
수상내역 : 한국대학교 미스유니버시티(2021/03)</td></tr>
</table>

이 이력서는 자유형식인 표 형식의 국문 이력서로서, 호텔이 원하는 기본적인 인적사항과 학력, 경력사항 그리고 외국어 능력을 꼼꼼히 기입하였습니다. 또한 지원하는 부서에 따라서 이력서는 조금씩 달라질 수 있는데 예를 들어, F&B 지원자라면 서버(Server)나 바리스타(Barista) 같은 경력의 업무를 조금 더 자세히 기입하며, Front Desk 지원자라면 어학연수나 직접적으로 외국인이나 사람들을 접한 경력을 중점적으로 기입하면 더할 나위 없는 좋은 이력서가 될 것입니다.

★영문 이력서★

RESUME

PERSONAL DETAILS

Name   : Sarah Choi
Home Address   : #123 - 456, ChancheonDong,
                   SeodaemunGu, Seoul,
                   South Korea
Telephone NO   : +82 - 2 - 123 - 4567
Mobile NO   : +82 - 10 - 1234 - 5678
E - Mail Address : tobeanhotelier@gmaill.com
Date Of Birth   : 14/JUL/2001
Marital states   : Single

Education background

03/2020 - 02/2022   Department of Hotel management (3.5/4.5, Diploma),
                     Hankuk University, Seoul, South Korea
03/2017 - 01/2020   Hankuk High school, Seoul, South Korea

Working experience

01/2021 - Present   **Outback steak house, Seoul, South Korea**
                     (Serving meal and greeting customers)
05/2020 - 01/2021   **Korea Wedding hall, Seoul, South Korea**
                     (Cleaned and guided bride)

Skills and award records

Language Skills   Native in Korean, Fluent in English, Basic in Japanese
Award records   Miss University in Hankuk University (03/2021)

Interests, Extracurricular Activities & Others

Voluntary Activities(Helped Homeless People, 05/2020),
Traveled all Europe(UK, France, Germany, Italy, 07/2019),
Making cocktail as a hobby

이 이력서는 자유형식의 이력서로서 호텔이 원하는 전반적인 인적사항과 교육, 경력, 기술 그리고 그 외 취미나 봉사활동이 한 장 안에 알차게 들어가 있는 영문 이력서입니다. 또한 영문 이력서의 가장 중요한 최근의 일들이 맨 위에 오도록 잘 쓴 이력서입니다. 국문 이력서와 마찬가지로 본인이 원하는 부서가 어디인지를 잘 선정해서 경력과 자격증을 써 내려가는 것이 매우 중요합니다. 만약 본인이 사무실 업무(Back office)를 지원했다면, 최고점의 어학점수나 컴퓨터 관련 자격증을 써 내려가는 것이 매우 중요합니다.

4. 비법 4_ 자기소개서는 항상 소제목을 만들자

이력서가 자기 자신의 이력을 알리는 것이라면, 자기소개서는 눈에 보이지 않는 본인의 이력에 관한 경력을 풀어 설명하는 것입니다. 여기서 중요한 점은 항상 "소제목"을 만들어서 풀어서 이야기할 부분에 관해서 소개하는 것입니다. 주의해야 할 점은 이 소제목이 내용과 비슷한 맥락의 이야기여야 한다는 점과 본인이 지원하는 분야에 관련된 이야기여야 한다는 점입니다. 다음 아래의 자기소개서 평가 항목을 참고하여 자기소개서를 꼼꼼히 쓰도록 노력합시다. 그리고 국문과 영문 자기소개서의 자유형식을 참고하여 자기 자신을 잘 나타내는 나만의 자기소개서를 써 봅시다.

★자기소개서 평가 항목★

1. 지원동기

내가 이 호텔에 지원하는 구체적인 지원동기와 이 회사와 어떻게 성장할 것인가에 대한 성장목표 그리고 회사에 대한 정보 파악을 하고 있는지에 대한 능력을 파악합니다.

2. 성장과정/성격의 장단점/생활신조

내가 지금까지 살아오면서 성장과정에서 겪은 어려움과 그 어려움을 극복한 과정을 서술하고 또한 교우관계나 가족관계를 근거로 예시를 들어 본인의 성격을 잘 표현하고 있는지 마지막으로 성격의 장단점 중, 단점에서 어떻게 단점의 개선 의지를 곁들여 표현하고 있는지 파악합니다.

3. 사회/봉사/동아리 활동

내가 그동안 사회봉사나 동아리 활동을 어떻게 하였고 또한 본인이 추구하는 가치와 부합하는지 그리고 동아리 활동을 통해 배운 점과 자신이 그 당시 부족했던 점을 기술하고 있는지 파악합니다.

4. 연수 경험/자기개발 노력

내가 지금까지 한 연수 경험이나 혹은 자기개발의 노력이 지원한 분야와 어떻게 연관되는지 연관성을 기술하며, 남다른 독특한 경험을 가지고 있는지 파악합니다

5. 문장력, 구체성, 참신성, 진실성

내가 쓴 글에 개성과 창의력이 있는지 그리고 글에 녹아있는 나의 PR이 너무 지나치거나 겸손하지 않은지 파악합니다.

★한글 자기소개서의 예★

성장과정	**"네가 가장 잘 할 수 있는 일을 해라"** 이것은 저의 부모님의 가르침이며 소신이었습니다. "본인의 직업과 적성이라는 것은 돈이 목적이 아니라 내가 제일 잘 할 수 있는 일이어야 한다"라는 부모님의 가르침 아래, 저는 학창시절 제가 가장 잘 할 수 있는 일을 찾아 10개가 넘는 아르바이트를 경험했습니다. 저는 무엇이 스스로의 적성인 줄 알아야 사회생활을 할 때 제가 가장 잘 할 수 있는 일을 찾을 수 있다고 믿고 있습니다. 그러던 중 느낀 것이, 제가 사람들을 다루고 그리고 사람들을 도와 줄 수 있는 일이 저와 가장 잘 맞는다는 것을 느꼈습니다. 여러 아르바이트를 하면서 용돈도 모을 수 있었고 또한 사람들과 만날 수 있는 기회를 많이 누릴 수 있었습니다. 이러한 사회성과 서비스 마인드를 바탕으로 사람에 대한 배려와 존중을 어린 나이 때부터 키울 수 있었습니다.
성격 및 장단점	**"다정다감한 성격의 소유자, 하지만 앞으로 더 배울 것이 많은 사람"** 저는 평소 많은 서비스 아르바이트를 통해서 처음 보는 사람들에게도 다가가 말을 건네는 다정다감하고 외향적인 성격입니다. 이것이 저의 최대의 장점이라고 생각합니다. 호텔에서 일할 때 매일 처음 뵙는 손님과 만날 기회가 많을 것이기에, 저는 저의 장점이 서비스업을 할 때 최고로 활용될 수 있다고 확신합니다. 하지만 저는 맡은 일에 책임감을 많이 느끼는 성격이기에 때때로 직무를 맡으면 완벽히 이뤄야겠다는 생각에 심적 스트레스 또한 높습니다. 하지만 이러한 스트레스를 스스로 다룰 줄 알아야 멋진 서비스인이라고 생각하기에 일주일에 세 번씩 요가를 다니면서 운동과 명상을 꾸준히 하고 있습니다. 앞으로 호텔에서 일하면서 선배들과 많은 교류를 통해서 스트레스를 절제하는 법을 배우고 많은 것을 배우고 싶습니다.
연수 경험 및 자기개발 노력	**"노력파 그녀"** 저는 종종 노력파라는 이야기를 많이 듣습니다. 무언가 해내고 싶은 일이 있으면 타고난 재주보다는 노력을 통해서 이루려고 하기 때문입니다. 그렇기 때문에 저는 무언가 배우고 그것을 통해서 성취하는 과정을 다른 사람보다 많이 진행합니다. 저는 대학교 때 영어회화에 관심이 많았기 때문에 아침마다 거르지 않고 외국인과 하는 영어회화 수업을 2년 동안 들었습니다. 그렇기 때문에 따로 어학연수 없이도 자유로운 영어회화 구사능력을 갖추게 된 것 같습니다.
지원동기	**"나의 경험을 토대로 한 새로운 도전하기"** 사람은 항상 스스로 다른 것에 도전하고 배우고 발전해야 한다고 생각합니다. 그럼에 있어서 저에게 호텔의 Front Desk 업무는 제 스스로에게 많은 의미를 부여하고 있습니다. 저의 외국어 실력 그리고 이태원에서 일하면서 많은 외국인들을 접하고 배운 문화적 지식이 제가 많은 VIP와 고객들을 지원하고 업무를 수행하는 데 많은 도움을 줄 것임을 확신합니다. 업무수행에 있어서 효율적인 업무를 스스로 성장해 나가며 배울 수 있는 좋은 기회라고 생각합니다. 저의 경험과 배경지식을 통해 새로운 직업에 도전하여 이 분야의 최고의 인재가 되고 싶어서 지원하게 되었습니다.

★영문 자기소개서의 예★

Self Introduction

"Easy come, Easy go"

I always live by motto "Easy come, Easy go" because I am sure without any effort, there is nothing to get. When I was University student, I never get lazy to study English languages. I always take the English class and study hard. Finally I could get high score and I could communicate with foreigners without any overseas experience. If I don't do my best, maybe there is no good result. I still believe my life motto and try to do my best every single moment.

"Good communicator"

I believe that my biggest strength is my communication skill. I am a trilingual speaker. I can speak Korean, Japanese and English. My trilingual ability allowed me to handle well to foreigners in my previous job as a server in T.G.I Friday. I could get order any nationality and solve the problem by listening. I've met many nationalities and people from different background while working there. It was very good chance to learn and understand many different kind of people and culture. Thanks to my experience, I became a good communicator.

"Always remain calm"

I can always remain calm in any situation. I think my work experience made me a calm person. I met lot of demanding customers therefore I could handle in any difficulties. Once I found my customer was very angry and shouted at me without reason. But I thought maybe there were some reasons and I just listened till the customer finish talking and I showed my sympathy. After the customer felt better and she talked to me that she had something bad thing happened before entering the restaurant. I learned that when I handle the angry customer, if I always remain calm and listen carefully it would be perfectly helpful.

위의 국문과 영문 자기소개서에서는 소제목을 쓰고 그 아래 본인의 경험과 가치관이 잘 녹아들게 한 장으로 보기 좋게 기술하였습니다. 항상 자기소개는 '소제목'을 두고 간결하게 이야기하도록 합시다.

5. 비법 5_ 이력서의 예상질문도 꼼꼼히 공부하자

📍 앞에서와 같이 작성된 지원자의 이력서를 보고 면접관들이 이러한 질문들을 예상할 수 있으니, 항상 예상질문을 생각하며 꼼꼼하게 연습해 봅시다.

Personal details 부분에서

- Can you tell me about yourself? (자기소개를 해 주시겠습니까?)
- What do you think your personality is like? (당신의 성격은 어떻습니까?)
- What is your strong point? (당신의 장점은 무엇입니까?)
- What is your weak point? (당신의 약점은 무엇입니까?)
- What is your own mission statement/ life motto? (당신의 인생 생활신조는 무엇입니까?)
- How did you get here from you home? (집에서 면접장까지 어떻게 왔습니까?)
- Do you have any special nickname? (본인만의 특별한 별명이 있습니까?)
- What is your horoscope? (당신의 별자리가 무엇입니까?)
- What is your blood type? (당신의 혈액형은 무엇입니까?)
- Do you have a boyfriend/ girlfriend? (남자친구/여자친구 있습니까?)

Education background 부분에서

- Can you tell me about your best friend in high school? (고등학교 때 친한 친구에 대해서 이야기 해 주시겠습니까?)

- What is the reason your grade low? (학점이 낮은 이유가 무엇입니까?)

- Can you tell me about your university life? (대학생활에 대해서 말해 주시겠습니까?)

- Can you tell me about your major? (전공에 대해서 말해 주시겠습니까?)

- Why did you choose your major as a Hotel management? (호텔경영으로 전공을 선택한 이유가 무엇입니까?)

- What have you learn from your major? (전공에서 배운 것이 무엇입니까?)

- What was the best achievement in University? (대학교 때 이룬 최고의 업적이 무엇입니까?)

- What are your plans for future studies? (장래 학업계획은 무엇입니까?)

Working experience 부분에서

- Have you ever worked as a team? (팀으로 일해 본 경험이 있습니까?)

- Are you leader or follower in a team? (당신은 팀에서 선도자입니까 따르는 사람입니까?)

- Can you tell me the best service experience in outback steak house? (아웃백에서 최고의 서비스를 제공한 경험에 대해서 말해 주시겠습니까?)

- When was the hardest moment while you were working? (일할 때 어려웠던 적은 언제였습니까?)

- What kinds of problems do you handle the best? (어떤 문제를 제일 잘 다룰 줄 압니까?)

- Have you ever made mistakes when did you work? (일할 때 실수했던 적이 있습니까?)

- What have you learned from working? (일하면서 무엇을 배웠습니까?)

- If your senior is much younger than you, how would you behave? (만약 선배가 당신보다 훨씬 어리다면 어떻게 행동할 것인가요?)

- What was your duty in Korea wedding hall? (한국웨딩홀에서 했던 임무가 무엇입니까?)

Skills and award records 부분에서

- Can you introduce yourself in Japanese? (일본어로 자기소개를 해 주시겠습니까?)

- Can you tell me more about miss University? (미스유니버시티에 대해서 자세히 이야기해 주시겠습니까?)

- Where did you study English/ Japanese? (영어나 일본어는 어디서 배웠습니까?)

Interests, Extracurricular Activities & Others 부분에서

- Can you tell me about your Voluntary Activities? (봉사활동 경험에 관해서 이야기해 주시겠습니까?)

- Can you tell me about your travel experience? (여행 경험에 관해서 이야기해 주시겠습니까?)

- As your hobby as a making a cocktail, can you suggest me some cocktail for me? (취미가 칵테일 만들기인데, 저에게 칵테일을 권해주시겠습니까?)

- What are the other hobbies do you have? (다른 취미는 없습니까?)

- How do you spend your free time? (여가시간을 어떻게 보냅니까?)

모든 질문은 이력서를 바탕으로 하여 질문 받게 됩니다. 그러므로 본인이 이력서에 기재한 내용은 빠지지 않도록 꼼꼼히 준비하며, 남자는 군대경력에 관련하여서도 답변을 준비하도록 합시다. 이력서는 〈이력서의 예제〉를 바탕으로 하여 간단하게 한 장 내외로 작성하며 사진을 첨부하는 것을 잊지 않도록 합니다. 회사에 따라 자기소개도 요구하는 회사가 있으니 자기소개도 성장과정, 성격의 장단점, 지원동기 그리고 포부 등의 순서로 요령 있게 준비하는 것이 중요합니다.

6. 비법 6_ 면접은 전화에서부터 시작한다

　지원자가 이력서를 모두 준비해서 호텔에 입사지원서를 접수하고 나면, 호텔에서는 합격자에게 전화로 서류합격 여부와 시간과 장소를 통보하게 됩니다. 이때 주의할 점은 시간과 장소 그 자체가 중요한 포인트가 아니라, 전화를 받는 시점부터 나누는 이야기가 면접이 시작되는 것임을 인지하고 있어야 합니다. 전화예절 또한 사람을 매일 대하는 호텔에서는 매우 중요한 요소이기 때문에 항상 "면접은 전화에서 시작한다"는 생각을 잊지 않도록 해야 합니다.

　전화는 서로의 얼굴을 보지 않고 의사소통하는 것이기 때문에 상대방의 목소리에 집중하게 됩니다. 그렇기에 목소리만으로 본인의 성품, 감정 등을 느끼기에 바르고 편안한 마음가짐으로 통화하는 것이 좋습니다. 먼저 모르는 번호로 전화가 오면, "실례지만 어디십니까?"라고 정중히 여쭈어 보고 이후 그 곳이 약간 시끄러운 곳이라면 조용한 곳으로 이동하여 통화를 하는 데에 있어서 불편함이 없게 하여 상대방에 대한 작은 배려를 느끼게 하는 것이 좋습니다.

　전화통화는 내가 보이지 않더라도 상대방이 웃고 있는지 인상을 쓰고 있는지 나도 느끼고 상대방도 느낄 수 있기에 최대한 정중히 그리고 마지막에 "전화 주셔서 감사합니다."라는 감사인사도 잊지 않는다면 면접관들에게 실제 면접 전에 매우 좋은 인상을 줄 수 있을 것입니다.

제4장

20여 개의 영어 질문에
나만의 답 만들기

제4장
20여 개의 영어 질문에 나만의 답 만들기

면접에서 "나"라는 존재를 면접관에게 확실히 각인시키는 것은 매우 중요한 일입니다. 면접에서 수많은 지원자 중에 나를 알리고 깊은 인상을 남긴다고 생각하면 쉽게 이해가 될 것입니다. 이 절에서는 영어 면접 연습을 통해서 나를 알리고 호텔 면접에서 중요한 영어 인터뷰 기초를 다져가기로 합시다.

1. 영어 면접을 준비하기 전에 꼭 기억해 두자
2. 워밍업 질문으로 긴장을 풀자
3. 자기소개는 100% 나오는 질문
4. 내 성격의 장점과 단점은 어떻게 설명할까?
5. 나의 학창시절에 대해서
6. 관심사와 취미에 대해서
7. 지금까지 무엇을 했나요? - 경력편
8. 우리 회사에 왜 지원했나요? - 지원동기편
9. 영어 면접 평가 요소

1. 영어 면접을 준비하기 전에 꼭 기억해 두자

1) 자신감이 합격의 열쇠

자신감이 합격에서 제일 중요한 요소임은 부정할 수 없습니다. 본인에게 질문이 다소 어렵거나 준비하지 못했던 질문이어도 자신감을 가지고 끝까지 노력하는 모습을 보인다면 조금 부족하더라도 분명 좋은 결과를 가져올 것입니다. 면접은 분명 잘 보는 것이 중요합니다. 다만, 호텔 면접 자체가 지원자의 자질과 인성을 더 중요하게 보기 때문에 자신감과 좋은 태도를 가지고 있다면, 좋은 결과를 이뤄낼 것이 분명합니다.

2) 친절한 미소와 긍정적인 태도는 필수

호텔리어는 어느 부서를 담당하느냐에 따라서 하는 일이 조금씩 다르지만 대부분의 프런트오피스(front office)를 담당하는 직원들은 거의 매일 호텔 손님들을 마주하게 됩니다. 그러므로 "내"가 바로 회사의 "얼굴과 이미지"가 되는 것입니다. 그렇기 때문에 면접 시 밝은 미소와 태도를 가진 지원자를 선호하며 면접관과 이야기할 때는 항상 눈맞춤(eye-contact)을 해야 합니다. 영어가 조금 부족해도, 항상 먼저 솔선수범하여 도와주려는 태도를 가진 따뜻한 지원자를 제1순위로 선호합니다. 아무리 면접을 잘 보고 또는 유창한 영어실력을 갖추고 있다고 하더라도 이러한 기본적인 자질이 없다면 면접에서 좋은 결과를 가져오지 못하는 이유인 것입니다.

3) 회사정보를 충분히 알아가자

호텔 영어 면접은 주로 외국인 임원이나 지배인들이 면접관으로 진행합니다. 이들은 지원자가 자사의 호텔에 대한 정보를 영어로 얼마나 숙지하고 있는지도 궁금해합니다. 외국계 호텔을 체인으로 하고 있는 호텔은 영문사이트에 접속하면 회사의 기본적인 정보를 영어로도 쉽게 접할 수 있습니다. 호텔 룸의 개수, 레스토랑의 콘셉트 그리고 기본적인 정보 등을 전부는 아니더라도, 회사가 원하는 인재상 등을 부합시켜 영어로 차분하게 준비하는 것이 중요합니다.

4) 영어 면접에서 중요한 것은 오직 영어가 아니다

호텔에서의 영어 면접은 피해갈 수 없는 면접입니다. 하지만 본인이 영어가 부족하다고 해서 절대 좌절하거나 고민할 문제가 아닙니다. 이것은 그냥 관례적인 면접일 뿐, 예상문제를 뽑아 꾸준하게 반복과 연습을 통해서 준비할 수 있습니다. 영어 면접이지만 영어를 100% 체크하는 것이 아니라 호텔리어가 될 수 있는 가능성과 조직관계에서 얼마나 잘 어울릴 수 있는지의 태도와 인성을 더 많이 체크하기 때문에 영어 면접 그 자체에 겁먹을 필요는 없습니다. 따라서 지원자가 영어답변을 아무리 모르더라도 "모릅니다, 다른 질문 부탁합니다, 죄송합니다" 등의 부정적이고 의지 없는 모습을 보여주면 절대로 안 됩니다.

5) 기본적인 표현은 플러스 요인

면접 시, 감사함 그리고 유감스러움 등을 잘 표현할 수 있는 지원자라면 면접관의 입장에서는 우리 회사의 유니폼을 입혀놓더라도 믿음이 갈 만한 지원자라고 생각할 것입니다. 면접관이 자리에 앉으라고 말할 경우(영어로는 "please have a seat"이나 "please be seated") 면접자는 감사함(영어로는 "Thank you (so much)")을 꼭 표현해야 합니다. 면접 중 유감스럽다거나 실수를 했을 때에도 그 실수나 유감스러움까지도(영어로는 "I'm (so) sorry") 꼭 표현해야 합니다. 칭찬에 대한 감사, 실수에 대한 유감스러움 등은 호텔리어가 되어서도 꼭 필요한 태도이니 항상 습관이 되도록 하는 것이 좋습니다. 또한 "네, 잘 알겠습니다"라는 응답을 꼭 해서 알고 이해했음을 표현하도록 하며, 영어에서는 "Yes"나 "Certainly"가 적절하며 "Ok"나 "Yeah" 같은 표현은 면접에 적합하지 않으니 피하는 것이 좋습니다.

2. 워밍업 질문으로 긴장을 풀자

워밍업 질문이란 면접관이 이력서에 관련한 직접적인 질문을 하기 전에 간단하게 지원자의 영어실력이나 신상정보를 알아보기 위한 질문입니다. 간단한 질문인 만큼 긴장하지 말고 소신껏 대답하는 것이 중요합니다. 대답은 "네, 아니요"의 단답형보다는 최대한 친절하게 답하는 것이 중요합니다. 대신 면접관의 말을 못 알아들었을 때는 〈죄송하지만 다시 한번 더 말씀해 주시겠습니까? 잘못 들었습니다, 죄송합니다〉, 영어로는 〈Pardon me? I'm sorry?, Could you repeat the question please?, Could you say again please?〉 등으로 다시금 면접관에게 되물어 보는 것이 중요합니다. 무엇보다도 면접관의 말에 귀 기울이고 질문에 집중하는 것이 매우 중요합니다.

또한 아래에 있는 영어면접 시 감사와 유감을 나타내는 표현을 상황에 맞게 쓰고 표현하는 것도 매우 중요합니다.

 영어 면접 시 감사와 유감을 나타낼 때 쓰이는 표현

1. 인사할 때
Good morning / Good afternoon / Good evening. Nice to meet you.
I am happy / glad / pleased to be here.
_안녕하세요. 만나서 반갑습니다.

2. 감사함을 표현할 때
Thank you (so much).
I appreciate your favor.
_정말 감사합니다.

3. 잘못 알아들었음을 표현할 때
Pardon (me)?
I beg your pardon?
I am sorry I didn't get you.
Please say that again, please?
_죄송하지만 다시 한번 말씀해 주시겠습니까?

4. 실수에 대한 표현
I am sorry.
Excuse me.
_죄송합니다.

5. 면접을 끝내면서 쓰는 표현

Thank you for your time.
_시간 내주셔서 감사합니다.
It's been a pleasure talking with you.
_말씀 나눠서 즐거웠습니다.

1) 성함이 어떻게 되십니까?

- What is your name?
- Can I ask your name?
- May I have your name?
- How can I call you?

My name is Younghee Kim. But you can simply call me Young. I am very happy to meet you.

저의 이름은 김영희입니다. 그냥 "영"이라고 불러주십시오. 만나뵙게 되어 매우 반갑습니다.

My name is Sungmi Kwon. It means "have a beautiful mind inside and outside". I always try to live with my name.

저의 이름은 권성미입니다. 저의 이름의 의미는 "내면과 외면의 아름다움"이라는 뜻입니다. 저는 항상 이름처럼 살려고 노력하고 있습니다.

My name is Minsuk Kim but I have an English name as "Julie". You can easily call me "Julie". Thank you.

저의 이름은 김민숙이지만 줄리라는 영어이름이 있습니다. 그냥 쉽게 "줄리"라고 불러주십시오. 감사합니다.

 My Answer

 면접에서 이름을 물어보는 것이 제일 기본적인 질문입니다. 이름을 또박 또박 발음하여 이야기하고, 만약 본인의 한국이름이 발음하기 어렵다면 영어이름이나 성, 또는 짧은 이니셜로 면접관에게 부르기를 유도하는 것도 좋은 방법입니다. 또는 본인의 이름의 의미도 간단하게 설명해 주는 것도 좋은 방법입니다.

2) 별명이 있습니까?

• Do you have nickname?   • What is your nickname?

 Yes. I have a nick name as a rabbit. Because I have big ears so I can listen to others opinion very well.

네. 저는 "토끼"라는 별명을 가지고 있습니다. 그 이유는 제가 큰 귀를 가지고 있어 다른 사람들의 의견에 귀 기울일 줄 알기 때문입니다.

Certainly, my nick name is "little Obama" because I look likes U.S president "Barack Obama". That is why people call me "little Obama".

네, 저는 미국의 대통령 "버락 오바마"를 닮았기에 "리틀 오바마"라는 별명을 가지고 있습니다. 그렇기 때문에 사람들이 저를 "리틀 오바마" 라고 부릅니다.

I have no nick name but I want to call myself as a smile girl. Because I have nice smile.

저는 별명이 없지만 제 스스로를 "스마일 걸"이라고 부르고 싶습니다. 왜냐하면 제가 예쁜 미소를 가지고 있기 때문입니다.

My
Answer

본인의 별명을 면접관에게 소개하는 것은 본인을 한 번 더 각인시키며 광고할 수 있는 좋은 기회입니다. 약간은 센스 있는 답변을 하는 것이 중요하지만, 보수적인 호텔에서는 다른 지원자들보다는 너무 튀지 않도록 답변하는 것이 중요합니다.

3) 오늘 기분이 어떠세요?

- How are you today?
- How do you feel today?

I feel great / good / happy to be here. Thank you for giving me this chance.

이곳에 있게 되어 기분이 참 좋습니다. 저에게 기회를 주셔서 감사합니다.

I am little bit nervous today but I am so exited to be here. Thank you for asking.

오늘 조금 긴장되지만 여기 있게 되어 정말 좋습니다. 물어봐 주셔서 감사합니다.

My
Answer

면접날의 몸 상태를 최상으로 만들기 위해서는 그 전날에 충분한 휴식이
필요합니다. 그래서 최대한 건강하고 기분 좋게 보이도록 꾸미고 면접 당
일날 그것을 면접관에게 표정으로 보여주어야 합니다. 면접을 보게 되어
좋다는 느낌을 면접관에게 그대로 전해주는 것이 중요합니다.

4) 어디에 살고 있습니까? / 여기에 어떻게 오셨습니까?

> ● Where do you live?　　　● How did you get here?
> ● How did you come here?

I live in Mapo, Seoul. I took a subway line no 2.

저는 서울에 살고 있습니다. 지하철 2호선을 타고 왔습니다.

I live in Ansan, Gyunggi. I took a bus.

저는 안산에 살고 있습니다. 버스를 타고 왔습니다.

I live near here. I took my car.

저는 이 근처에 살고 있습니다. 제 차를 가지고 왔습니다.

I live in Inchon near Airport. First I took a subway after
that I transferred to bus and I just walked.

저는 공항 근처의 인천에 살고 있습니다. 먼저 지하철을 탄 뒤, 버스
로 갈아타고 조금 걸었습니다.

My
Answer

TIP 본인이 어디에서 사는지 이야기할 때, 살고 있는 지역을 설명하거나 유명한 것을 설명해 보라고 꼬리를 무는 질문을 할 수도 있으니 준비해 봅시다. 그리고 면접장에 도착하기 위해 어떤 교통수단을 이용해서 어떻게 도착했는지 설명합니다.

5) 집에서 여기까지 얼마나 걸렸습니까?

● How long did it take to get here from your home?

It took an hour by subway.

지하철로 한 시간 걸렸습니다.

It took about one and half by bus.

버스로 대략 한 시간 반 걸렸습니다.

It took almost 2hours by car.

차로 대략 2시간 걸렸습니다.

My
Answer

어디에 살고 있으며, 어떻게 면접장까지 왔고 또한 얼마만큼의 시간이 걸렸는지의 질문은, 면접자와의 진중한 대화를 시작하기 전, 그야말로 워밍업하는 질문입니다. 이러한 간단한 질문에 절대로 긴장하지 말고 면접장에 들어가기 전에 크게 심호흡을 하고 긴장을 풀면서 답변하는 것이 좋습니다.

6) 어젯밤에 무엇을 했습니까?

● What did you do last night?

I went to bed early last night for my good body condition. Then I woke up early in the morning.
저는 저의 건강한 컨디션을 위해서 어제 일찍 잠자리에 들었습니다. 그리고는 아침 일찍 일어났습니다.

I did the ironing my jacket and skirt for this interview.
이 면접을 위해 자켓과 치마를 다림질 했습니다.

I searched some information from your website.

귀사의 홈페이지에서 정보를 찾았습니다.

 My
Answer

 면접 전날 무엇을 했느냐는 질문에는 다음 날 있을 면접에 대비하여 그것과 관련된 일을 했다는 답변을 말하는 것이 중요합니다. 기본적으로 면접관은 면접에 관련하여 준비하고 성의를 보이는 면접자에게 눈길이 가기 때문에 면접복장을 다리고 준비했다거나 홈페이지에서 회사정보를 찾아보았다는 답변을 듣게 되면, 준비된 면접자라는 인식을 줄 수 있을 것입니다.

7) 호텔리어가 되기 위해서 어떤 준비를 했습니까?

• How have you prepared for being an hotelier?

📍 모의면접으로 연습함

 I did a mock interview with other candidates to improve my confidence.

저는 저의 자신감 향상을 위해서, 다른 지원자들과 함께 모의면접을 했습니다.

♥ 외국어 공부

I studied English and Japanese very hard in University life. I think to be an hotelier, language skill is the most important thing.

대학교 재학시절, 영어와 일본어를 열심히 공부했습니다. 제 생각에는 호텔리어가 되기 위해서는 언어적 능력이 제일 중요하다고 생각하기 때문입니다.

♥ 호텔에서 경험을 쌓음

I had a part time job in hotel banquet every weekend. I think service experience is the most important to work in hotel.

저는 매 주말마다 호텔 연회장에서 아르바이트를 했습니다. 저는 호텔에서 일하기 위해서는 서비스 경험이 무엇보다 중요하다고 생각합니다.

♥ 서비스직에 종사함

I am working in Korean restaurant as a waitress. I am learning interpersonal skill and service skill from my current job. If I become an hotelier in your company, I will contribute with my knowledge and experience.

저는 현재 한식당에서 서버로 일하고 있습니다. 저는 직장에서 매일 대인관계와 서비스를 배우고 있습니다. 제가 만약 자사에 호텔리어로 입사하게 된다면, 저의 지식과 경험으로 자사에 기여하겠습니다.

My
Answer

호텔리어가 되기 위해 어떠한 준비를 하였는가에 대한 질문은 면접장에서 꼭 받을 수 있는 질문입니다. 언어적 능력, 성격, 서비스직종의 경력이나 해외경험 등에 중점을 두어 본인이 호텔리어로서 적합한 지원자임을 잘 설명해야 합니다.

8) 현재 무슨 일을 하십니까? 현재 직업에 대해서 말해 주시겠습니까?

- What do you do?
- Can you tell me about your current job?

📍 호텔경영학과 학생

I am a student major in Hotel management. I don't have job experience but I am learning about hotel from my major.
저는 호텔경영학과 전공 학생입니다. 저는 일의 경험은 없지만 전공에서 호텔에 대해서 배우고 있는 중입니다.

📍 서비스 관련 아르바이트

I am a barista in café. I make a coffee and tea also I get order from the customer and manage our staffs.

저는 카페에서 바리스타로 일합니다. 저는 커피와 차를 만들고 또한 고객의 주문을 받고 직원들을 관리합니다.

📍 영어강사

I am an English teacher. Thanks to my job experience, I got an excellent English skill and strong interpersonal skill.

저는 영어 강사입니다. 저의 직업 덕분에, 저는 좋은 영어실력과 의사 소통실력을 가지고 있습니다.

📍 직업은 없지만 공부하고 있음

I am between jobs now but I am studying English and try to improve my English skill. Because for sure, I have lot of chance to meet foreigners while working in Hotel.

저는 현재 직업이 없지만 영어실력을 향상하기 위해 영어공부를 하고 있습니다. 왜냐하면 제가 호텔에서 일할 동안에 외국인을 만날 기회가 많을 것이기 때문입니다.

My
Answer

본인이 현재 하고 있는 일과 경력적인 부분에 대해서 간단하게 설명합니다. 만약 경력이 없더라도 본인의 전공과 하고 있는 공부 등을 예를 들면 좋습니다. 이 부분의 답변은 이 책의 〈제4장 7. 지금까지 무엇을 했나요? - 경력편〉에서 자세히 다루고 있으니 참고하는 것이 좋습니다.

9) 당신의 인생철학은 무엇입니까?

- What is your life motto?
- What basic principle do you apply to your life?
- What is your philosophy?

My life motto is "Just do it". I always do when I decide something, "Just do it".

저의 인생철학은 "그냥 하자"입니다. 저는 무언가 하기로 결심했으면 그냥 합니다.

I live by the motto, "stay hungry stay foolish". I respect steve jobs and he lived by with this motto. Therefore he had great job in his life.

저는 "갈망하고 우직하게 일하라"는 신념으로 살고 있습니다. 저는 스티브잡스를 무척이나 존경하는데 그는 이 신념으로 살았습니다. 그렇기 때문에 그가 큰 업적을 이루었던 것 같습니다.

My philosophy is "enjoy my life". I think most of people always stick to money and they don't know what happiness is. I will be the one who really enjoy my life.

저의 삶의 원칙은 "인생을 즐기자"입니다. 저는 대부분의 사람들이 돈에 잡혀 진정한 행복을 모른다고 생각합니다. 저는 그 인생을 즐기는 사람이 될 것입니다.

My basic principle in my life is that "where there is a will, there is a way". I think if I do my best something that I want, there should be the way. Therefore I always try to look on the bright side of my life.

저의 인생철학은, "뜻이 있으면 길이 있다"입니다. 저는 최선을 다한다면 그곳에는 길이 있다고 생각합니다. 그래서 항상 인생에서 밝은 쪽을 보려고 노력합니다.

My
Answer

본인의 가치관과 인생철학을 물어보는 질문에는 긍정적으로 본인의 생각
이 묻어나게 간단히 답하면 됩니다. 만약 인생의 가치관을 무엇으로 정해
야 할지 아이디어가 없다면, 아래에 있는 속담을 함께 쓰면 좋습니다.

- Action speaks louder than words. (말보다는 행동이 먼저)
- Better late than never. (안 하는 것보다 늦었지만 하는 게
  낫다)
- Easy come, easy go. (쉽게 온 것은 쉽게 간다)
- Gain time, gain life. (시간을 아끼면 인생을 얻는다)
- Heaven helps those who help themselves.
  (하늘은 스스로 돕는 자를 돕는다)
- Honesty is the best policy. (정직이 최선의 방책이다)
- More haste, less speed. (급할수록 돌아가라)

3. 자기소개는 100% 나오는 질문

자기소개는 그야말로 상대방에게 나를 소개하는 것입니다. 자기소개를 어떻게 하느냐에 따라서 합격의 당락을 좌우하기도 합니다. 제일 기본적이며 영어 면접 중에서 받을 수 있는 제1순위의 질문이니 항상 정리하여 자연스럽게 연습하여, 면접관이 질문했을 때 당황하지 않고 답변이 바로 나올 수 있도록 해야 합니다.

자기소개는 무엇보다도 지원하는 부서에 어울릴 만한 경험과 배경으로 자기 자신을 포장하는 것이 중요합니다. 예를 들어, 본인이 식음료(Food & Beverage) 지원자라면 좋은 서비스를 제공하며 건강한 신체 또는 레스토랑이나 커피숍에서 일한 경험을 내세우면 자기를 알리는 최고의 자기소개가 될 것입니다. 프런트 오피스(front office) 지원자들은 항상 고객들을 대하며 외국인들의 불평이나 환대에 대하여 자세하게 다루어야 하기 때문에, 외국어 실력이나 사람을 다루는 기술에 적합한 지원자임을 자기소개에 녹여서 설명해 주어야 합니다. 이렇듯, 부서마다 자기소개에 포커스를 두어야 하는 비중이 조금씩은 다르니 차별을 두어 준비하도록 하는 것이 좋습니다. 또한 이 책의 제1장 〈3. 호텔리어는 어떤 직업일까?〉를 참고하여 본인이 지원하는 부서에 맞게 답변을 준비하는 것이 좋습니다.

자기를 소개하는 방법에는 여러 가지 방법이 있으나, 어떠한 주제를 가지고 본인의 장점을 어떻게 이야기하느냐에 따라 정보의 전달 방법이 달라집니다. 이것이야말로 기본적인 부분이기 때문에, 영어 면접에서는 내가 어떤 사람이다라는 것을 1분에서 2분가량으로

짧고 간결하게 사실적으로 표현하는 것이 가장 좋습니다.

1) 자기소개를 해 주시겠습니까?

- Introduce yourself.
- Tell me about yourself.
- Can you introduce yourself?

📍 전공과 인턴경험 소개

I'm very happy to meet you. My name is Sohee Lee. I am attending Korea tourism high school in 3rd grad now. I major in tourism management and I am learning many things such as English and basic Japanese and Chinese. Also I have working experience as an intern at Seoul hotel. At that moment, I could understand all about hotel job. That is why, I am sure I can do this job very well with my language skill and working experience.

만나 뵙게 되어 정말 반갑습니다. 저는 김소희라고 합니다. 저는 현재 한국관광고등학교 3학년에 재학 중입니다. 저는 호텔경영 전공이며, 영어와 기본 일본어, 중국어 같은 많은 것들을 배우고 있습니다. 또한 저는 서울호텔의 인턴 경력이 있습니다. 그때 저는 호텔의 전반적인 이해를 할 수 있었습니다. 그러므로 저는 저의 언어적 능력과 일의 경험으로 이 일을 잘 할 수 있을 것이라고 확신합니다.

📍 외국 경험과 어학연수 소개

Good morning. I am Soyoung Kim but just call me young.

Thank you for giving me this chance today. Last year, I have been in U.S for studying English. I could learn not only English but also their culture and made lots of friends. It was very rewarding experience and I become a very open‑minded person. I think to be an hotelier, having open‑minded and international personality are the most important thing. I want to learn and improve with your company to be a professional hotelier. Thank you.

안녕하세요. 저는 김소영입니다. 그냥 영이라고 불러 주십시오. 오늘 이런 기회를 주셔서 매우 감사합니다. 작년 저는 미국에 영어공부를 하기 위해 다녀왔습니다. 영어뿐만 아니라 그들의 문화도 배우고 친구도 많이 사귈 수 있었습니다. 그 경험은 매우 보람 있었으며 저는 열린 사람이 되었습니다. 제 생각에는 호텔리어가 되기 위해서는 열린 마음과 국제적인 성격이 무엇보다도 중요하다고 생각합니다. 저는 귀사에서 배우고 발전하는 전문적인 호텔리어가 되고 싶습니다. 감사합니다.

📍 A · B · C로 성격을 소개

Hello, My name is Kiyoung Park and English name is Danny. I'd like introduce myself as like alphabet "A · B ·

C". "A" stand for "adaptability". I am a very adoptable person in any situations. "B" stands for "bright personality". I can mingle and handle anyone with my bright personality. "C" stands for "careful personality". I have a very careful personality therefore I can care my customer very well and I will listen well about customer's request. With my A · B · C I will be a professional hotelier in your company.

안녕하십니까? 저는 박기용이며 영어이름은 대니입니다. 저는 알파벳 A · B · C로 자기소개를 하고자 합니다. A는 적응력을 뜻합니다. 저는 어느 상황에서도 적응을 잘 하는 사람입니다. B는 밝은 성격을 뜻합니다. 저는 누구와도 잘 어울리며 다룰 수 있습니다. C는 세심한 성격입니다. 저는 매우 세심한 성격을 가졌는데 그래서 저의 고객들을 잘 보살펴 드릴 수 있으며 고객들의 요구사항을 먼저 들을 것입니다. 저는 저의 A · B · C를 가지고 자사의 전문적인 호텔리어가 될 것입니다.

📍 본인의 경험을 통해 배운 점 소개

First of all, I am very happy to be here. My name is Eunhee Choi.

I just graduated my college majored in Chinese. Also I was representatives of my department. At that moment, I learned team work skill such as supporting and making harmony each other. I think understanding team work is the most important thing to be an hotelier. Plus, I found myself I like meeting people as well. I am sure with my experience and personality can help when I become a professional hotelier.

무엇보다도 저는 여기에 있게 되어 무척이나 기쁩니다. 저는 최은희라고 합니다. 저는 중국어 전공에 대학교를 막 졸업하였습니다. 또한 저희 과의 대표를 역임하였습니다. 그 당시, 저는 어떻게 팀원들을 지지해주고 잘 융합하는지의 팀워크를 배울 수 있었습니다. 게다가, 저는 사람들을 만나는 것을 좋아합니다. 이러한 저의 경험과 성격이 제가 전문적인 호텔리어가 되는 데에 도움이 될 것이라고 확신합니다.

My
Answer

TIP 자기소개는 먼저 지원하는 부서에 따라서 강조하고 싶은 장점을 앞세우는 것이 좋습니다. 이후 본인이 배우며 경험했던 것들 중에서 그 부서와 제일 잘 어울리며 적성에 맞을 것들을 나열합니다. 본인의 성격과 경험, 적성을 충분히 자기소개에 적당한 시간에 보여주는 것이 최고의 자기소개입니다. 자기소개의 도입부분에서는 바로 본인의 이야기를 하기보다는, 면접에 기회를 주신 것에 감사하다는 표현이나 본인의 이름을 이야기하면서 가볍게 자기소개를 풀어나가는 것이 긴장을 풀기 위한 좋은 방법이기도 합니다.

4. 내 성격의 장점과 단점은 어떻게 설명할까?

성격을 물어보는 질문에서는 주로 면접관은 지원자에게 성격의 장점과 단점을 함께 질문합니다. 지원하는 부서에 따라서 어떤 지원자와 자질을 원하는지 체크하고 그에 부합하는 본인의 성격을 나열하면 됩니다.

장점은 본인을 최대한 부각시킬 수 있는 것을 말하되, 경험과 예시를 들어 면접관이 이해하기 쉽도록 간단히 설명합니다. 단점은 본인의 단점을 언급하되 지원하는 부서의 업무에 방해가 되지 않는 쪽으로 대답하는 것이 좋습니다. 예를 들어, 호텔같이 사람들을 많이 대하는 곳에서 본인이 "부끄러움을 잘 탄다"거나, "친한 친구가 별로 없다"라는 등의 답변은 진짜 단점이 되어 면접에서 좋은 결과를 가져올 수 없게 되므로 피하는 것이 좋습니다. 또한 단점을 말한 뒤 꼭 추가해야 할 답변이 있는데, 현재 그 단점을 보완하기 위해서 노력하고 있다는 점을 부각시켜 답안을 언급하는 것입니다. 또한 본인의 외적인 콤플렉스의 직접적인 언급은 피하는 것이 좋습니다.

- 당신의 성격에 대해서 말씀해 주십시오.
- 당신의 성격의 장점과 단점은 무엇입니까?
- Tell me about your personality.
- What kind of personality do you have?
- What is your strong point and weak point?
- What is your strengths and weakness?

1) 성격의 장점에 관하여 답변하기

📍 활동적인 면을 강조

One of my strong point is I am very a sociable and outgoing person. I like to meet people and better work with team. Therefore I had lots of volunteer works and school activities. At that time, I enjoyed with people and learned how much important team work when we work together. Also, I was member of hiking activity in school. I had chance to meet lots of people and get along with them. So, I can say I am a people person.

저의 장점 중 하나는 사교적이고 활동적인 사람이라는 것입니다. 저는 사람들을 만나고 팀으로 일하는 것을 좋아합니다. 그래서 저는 봉사활동과 학교 활동도 많이 했습니다. 그때 저는 사람들과 교류하는 것을 즐겼고 또한 사람들이 일할 때 팀워크가 얼마나 중요한지도 알게 되었습니다. 또한 저는 학교에서 산악회원이었습니다. 그때 정말 많은 사람들을 만나고 어울릴 기회가 있었습니다. 그렇기 때문에 저는 제 스스로를 사람들과 어울리기 좋아하는 사람이라고 말씀드리고 싶습니다.

📍 효율적인 의사소통 능력을 강조

My strength is that I have a good communication skill. I think to be a professional hotelier communication skill is the most important thing. I always listen first and try to understand and respect others as well. I think good relationship from good communication skill. If there is miscommunication or misunderstanding situation while working, I will try to solve it with my good communication skill.

저의 장점은 제가 좋은 의사소통 능력을 가지고 있다는 점입니다. 좋은 의사소통 능력은 전문적인 호텔리어가 되기 위한 제일 중요한 요건인 것 같습니다. 저는 항상 의견을 먼저 듣고 다른 사람들의 의견을 이해하고 존중하려고 노력합니다. 좋은 관계는 좋은 의사소통 능력에서 비롯된다고 생각합니다. 만약 제가 일을 하는 동안에 잘못된 전달과 오해의 상황이 있더라도, 항상 저의 좋은 의사소통 능력을 가지고 고치려고 노력할 것입니다.

📍 책임감과 강한 체력

First of all, I believe my strong point is that I am a very responsible person. Also I have strong body health. I always do my best to complete my duty whatever I do. Plus, as you can see I have very strong body health. I work out 3times a week and try to eat health food. I believe positive mind from health body condition. I can do this job with my personality and health.

무엇보다도, 저는 제가 책임감이 강한 사람이라고 믿고 있습니다. 또한 저는 강한 체력을 가지고 있습니다. 저는 언제나 무슨 일을 하든지 제게 맡겨진 임무를 마치려고 노력합니다. 게다가 보시다시피 저는 강한 체력을 가지고 있습니다. 일주일에 3회 운동을 하고 건강한 음식을 먹으려고 하고 있습니다. 저는 긍정적인 자세가 건강한 신체에서 온다고 믿고 있습니다. 저는 이 일을 저의 성격과 건강함으로 잘 할 수 있습니다.

📍 차분한 성격

I would like to say that I am a calm person. I always remain calm and never take it personally in any situation. Because when I worked in family restaurant I had experience many difficult situations but I handled well with my calm and experiences. After I join this hotel, I will keep calm attitude and try to be a professional hotelier.

저는 제가 매우 차분한 사람이라고 말씀드리고 싶습니다. 저는 어느 상황에서도 침착하며 절대 개인적으로 받아들이지 않습니다. 왜냐하면 제가 패밀리레스토랑에서 어려운 상황을 다루고 조절한 경험이 많기 때문입니다. 이 호텔에 입사하고 난 뒤에도, 저는 항상 저의 차분한 성격을 유지하며 전문적인 호텔리어가 되도록 노력하겠습니다.

2) 성격의 단점에 관하여 답변하기

📍 결정을 내릴 때 우유부단한 성격

My weakness is that I am indecisive when I decide something. I tend to think too much. Sometimes it takes very long when I decide even small thing. But to overcome this weak point, I always get some advice and ask for help from my family and friends. I could be a more simple‑minded person.

저의 단점은 어떤 결정을 내릴 때 우유부단한 성격입니다. 저는 생각을 많이 하는 편입니다. 때때로 작은 것을 결정할 때도 시간이 많이 걸립니다. 하지만 이 단점을 극복하기 위해서, 무언가를 결정할 때 항상 부모님과 친구들에게 조언을 듣거나 도움을 받습니다. 그래서 좀 더 단순한 사람이 될 수 있었습니다.

📍 거절 못 하는 성격

I can say my weak point is that I can't say "No" to others. Because I am worry about other people get heart from me. But sometimes I couldn't focus on my job because of others asking. To minimize my weak point, I always try to check my schedule first, if I can do say "yes" but it seems to be hard, I kindly explain the reason and say "sorry" and "next time".

저는 저의 단점을 다른 사람에게 "싫다"라고 말하지 못하는 것을 꼽고 싶습니다. 왜냐하면 저는 다른 사람들이 저로부터 상처를 받는 것이 걱정스럽기 때문입니다. 하지만 때때로 다른 사람들의 요구 때문에 저의 일에 집중을 못 할 때가 있었습니다. 그 단점을 줄이기 위해서, 항상 스케줄을 확인하고, 그러고 나서 만약 가능하면 "네"라고 하지만 힘들 것 같으면 친절하게 이유를 설명한 뒤 "미안합니다", "다음 번에요"라고 하려고 노력 중입니다.

📍 단순한 성격

I am not good at multitasking. Even I have lots of things to do on my duty I always focus only one thing. To overcome my weak point, I always make plan beforehand. Therefore I could save my time and concentrate on my duty well.

저는 한꺼번에 일을 처리하는 것을 잘 하지 못합니다. 심지어 많은 일을 해야 할 일이 있을 때도 오직 한 가지에만 집중합니다. 이 단점을 극복하기 위해서, 저는 항상 미리 계획을 짭니다. 그러므로 저는 시간을 절약하고 제 일을 더 잘 집중할 수 있게 되었습니다.

📍 다른 이에게 도움요청이 어려운 성격

I think my weakness is that I feel shy to ask help to others. Because I don't want to interrupt other. But I realized that ask for help what I don't know is the best way to work efficient way.

저의 단점은 상대방에게 도움을 요청하는 것이 어려운 것이라고 생각합니다. 왜냐하면 저는 다른 사람들을 방해하는 것을 원하지 않기 때문입니다. 하지만 저는 일을 가장 효과적으로 할 수 있는 방법이 내가 모르는 것에 도움을 요청하는 것이라는 것을 알게 되었습니다.

My
Answer

회사가 원하는 긍정적인 성격을 표현한 형용사를 선택하여 적절하게 본
인을 표현하는 것이 좋습니다. 긍정적인 형용사는 아래의 예를 참고하고,
단점을 이야기할 때에는 꼭 어떤 식으로 단점을 고치고 있는지를 예를 들
어 설명하는 것이 좋습니다.

📍 성격의 장점을 이야기해 줄 때 쓸 수 있는 형용사

- warm - hearted (마음이 따뜻한)
- positive (긍정적인)
- open - minded (열린 마음의)
- easy going (낙천적인)
- international mind (국제적인 감각의)
- friendly (친절한, 상냥한)
- patient (참을성 있는)
- independent (독립적인)
- punctual (시간을 엄수하는)
- outgoing (외향적인)
- sociable (사교적인)
- active (활동적인)

- bright (밝은)
- caring (배려하는)
- humorous (유머감각 있는)
- challenging (도전적인)
- sincere (성실한, 정직한)
- flexible (융통성 있는)
- responsible (책임감 있는) 등

5. 나의 학창시절에 대해서

학교생활에 관해서는 면접관들은 주로 전공을 선택한 이유, 학교에서 배운 점 또는 학생활동 등의 전반적인 학교생활을 면접자들이 어떻게 보냈는가에 중점을 두고 있습니다. 호텔에 지원하는 지원자인 만큼 학교 재학시절 서비스에 관련된 아르바이트의 경험, 봉사활동, 외국어 공부 또는 외국으로의 어학연수나 여행 등을 예시로 들어 본인이 지원하는 부서에 적격자임을 다시 한번 각인시키는 것이 이 부분에서는 중요합니다.

또한 호텔 관련 전공자와 비전공자의 합격비율은 대부분 60 : 40의 비율입니다. 물론 호텔 관련 전공자에게 조금 더 유리한 것은 사실이지만, 이것은 참고사항이나 우대사항일 뿐, 어학실력이나 태도에서 좋은 모습을 보여주도록 노력한다면 전공에 관련 없이 좋은 결과를 얻을 수 있을 것입니다.

- 학교생활에 대해서 말해 주시겠습니까?
- Tell me about your school life?
- How was your University life?
- Can you describe your school life?

📍 전공과 연관시켜 풀어나감

 I majored in Chinese language. From my major, I learned Chinese language and Chinese culture. Also I was in

China about 6months as an exchange student. So now I can communicate in Chinese and well understand Chinese culture as well. Plus, I double majored in Hotel management. At that moment, I could learn about basic hotel and wine knowledge also service manner as well. Studying and experiencing were the best memory in my school life.

저는 중국어를 전공했습니다. 저는 전공에서 중국어와 중국문화에 대하여 배웠습니다. 또한 중국에서 교환학생으로 6개월간 있었습니다. 그래서 저는 중국어로 의사소통이 가능하며 중국문화에 대한 이해를 잘 할 수 있습니다. 게다가, 저는 호텔경영이 부전공이었습니다. 그 당시, 저는 기본적인 호텔과 와인의 지식과 서비스 매너를 배울 수 있었습니다. 공부와 경험이 대학생활에서 제일 기억나는 부분이었습니다.

📍 봉사활동과 학교활동을 연관시켜 풀어나감

I was a member of girl scout in high school days. I could learn teamwork by doing many activities. Also, I could learn supporting and understanding skill from girls scout. In University, I did voluntary activities for abandoned dogs. It was rewarding job and I am still doing helping abandoned dog on weekend.

저는 고등학교 때 걸스카우트 단원이었습니다. 저는 그곳에서 많은 활동을 통해서 팀워크를 배웠습니다. 또한 지지하고 이해하는 기술을 걸스카우트에서 배우게 되었습니다. 대학시절 저는 유기견을 돕는 봉사

활동을 했습니다. 그것은 정말 보람 있는 일이었고 지금도 주말마다
유기견을 돕는 활동을 하고 있습니다.

📍 수상경력을 연관시켜 풀어나감

When I was senior, I won the cocktail contest in my
department. I made nice cocktail and I got prize for
"queen of cocktail". It was happy moment in my life and
I still can make nice cocktail as well. Also I studied hard
and attended class well, so got scholarship 3times in
school days.

제가 4학년 때, 과에서 주최하는 칵테일 만들기 대회에서 우승을 했습
니다. 저는 맛있는 칵테일을 만들어서 "칵테일의 여왕"이라는 상을 받
았습니다. 그때가 제 인생에서 가장 행복했었던 순간이었으며 지금도
여전히 맛있는 칵테일을 만들 수 있습니다. 또한 저는 학교 다니는 동
안 공부도 열심히 했고 수업도 열심히 들어서 장학금을 3번 탄 경험
이 있습니다.

📍 외국 경험을 연관시켜 풀어나감

I was an exchange student and I was in Canada about
a year. I traveled whole Canada and I made lots of
Canadian friends. I took many photos and I sometimes
look it at home. I could broaden my view and learn
many things.

저는 캐나다에서 1년간 교환학생으로 지냈습니다. 저는 캐나다 전역

을 여행했고 캐나다인 친구들도 많이 사귀었습니다. 많은 사진을 찍었는데 가끔씩 집에서 보곤 합니다. 저의 생각을 넓힐 수 있었고 많은 것을 배울 수 있었습니다.

My
Answer

학교생활에 대해서는 본인이 학창시절에 지냈던 동아리, 전공, 봉사활동, 아르바이트 그리고 해외여행 등의 자신만의 이야기를 포커스를 두어 전개해 나가면 좋습니다. 무조건 경험했던 것을 모두 다 이야기하려고 그것들을 줄줄이 이야기하는 것보다는 본인이 제일 자랑하고 싶은 이야기에 중점을 두고 핵심만 말하는 것이 실제 면접관들도 집중하기 좋고 기억하기 쉬울 것입니다.

6. 관심사와 취미에 대해서

관심사와 취미활동에 관한 질문에서는, 평소 지원자가 일을 하는 시간 이외에 어떤 것을 하면서 시간을 보내는지를 알아보기 위한 질문입니다. 호텔리어는 사람들을 많이 응대하는 직업입니다. 하지만 호텔 자체 내에서는 보수적인 면이 많이 있습니다. 그러므로 본인이 가지고 있는 취미나 관심사가 면접에서는 너무 튀거나 공유하기 힘든 관심사와 취미라면, 면접관과의 유대감이 형성되기 쉽지 않기 때문에 너무 튀거나 공유하기 힘든 부분은 되도록 삼가는 것이 좋을 것입니다.

예를 들면, 운동으로 스트레스를 풀기 위해 요가나 조깅이 취미이거나 여행을 다니면서 사진을 찍는 것 또는 친구들과 맛있는 것을 먹으러 다니며 즐거운 시간을 보내는 것 등의 평범한 취미나 관심사가 면접관들과 비슷한 화젯거리를 공유하며 본인의 적성을 보여줄 수 있는 이야기로 풀어나가는 것이 중요합니다.

- 취미가 무엇입니까? 쉬는 날에 어떻게 시간을 보냅니까?
- What is your hobby?
- How do you usually spend your free time?
- What do you do when you are free?
- What do you do in your spare time?

📍 향수 모으기

My hobby is the collecting perfume. I love all kind of perfumes. I already collected more than 20 perfumes at home. When I feel bad, I spray fresh one on my body and feel better. Also I sometimes give my present as a gift.

저의 취미는 향수 모으기입니다. 저는 모든 종류의 향수를 좋아합니다. 이미 집에 20개가 넘는 향수를 모아놨습니다. 제 기분이 안 좋을 때 몸에 상쾌한 향을 뿌리게 되면 기분이 나아집니다. 또한 친구들에게 가끔씩 선물로 주기도 합니다.

📍 여행과 사진 찍기

Normally, when I have a days off, I go to somewhere and I take a photo. I like take a picture in different place. The reason I like taking a photo is that "a photo never tells a lie". My hobby makes me relaxing and happy.

저는 대부분 쉬는 날에는 어딘가에 가서 사진을 찍습니다. 저는 다른 장소에서 사진 찍는 것을 좋아합니다. 제가 사진 찍는 것을 좋아하는 이유는 사진은 거짓말을 하지 않기 때문입니다. 저의 취미는 저를 편안하고 행복하게 만듭니다.

📍 운동

I spend my spare time by doing yoga. I do yoga 4times a week and it makes me feel fresh. I do meditation after yoga. By doing yoga and meditation, I can be relax and release my stress. After that I found my stress is already gone.

저는 요가를 하면서 쉬는 시간을 보냅니다. 일주일에 4번 요가를 하는데 이것이 저의 기분을 상쾌하게 만듭니다. 요가가 끝난 뒤에는 명상을 합니다. 요가와 명상을 함으로써, 편안해질 수 있고 스트레스도 풀 수 있습니다. 이후 저는 제 스트레스가 이미 사라진 것을 느낄 수 있습니다.

📍 배우기

I like learning new things. Now days, I am learning baking. I baked chocolate cookies yester day. It was tasty and it was really happy to experience that learning new thing every day. Next time, I am planning to learn Chinese. I always try to improve myself.

저는 새로운 것을 배우는 것을 좋아합니다. 최근에 저는 제과기술을 배우고 있습니다. 어제는 초콜릿 쿠키를 만들었습니다. 정말 맛있었고 새로운 것을 매일 배운다는 것에 매우 행복했습니다. 다음 번에는 중국어를 배울 계획을 세우고 있습니다. 저는 항상 제 스스로를 발전시키기 위해 노력합니다.

**My
Answer**

취미가 무엇인지 물어보면, 독서나 영화보기라고 말하는 지원자들이 많습
니다. 만약 그렇게 대답한다면 면접관은 최근 읽은 책이나 영화에 관련하
여 꼬리 질문(질문의 질문, 꼬리를 무는 질문)이 되돌아 올 수 있으니 생
각해 보는 것이 좋습니다.

7. 지금까지 무엇을 했나요? - 경력편

본인의 경력사항에 대한 질문과 대답에서, 나의 경험과 호텔리어가 되기 위한 자질을 면접관에게 잘 보여주어야 합니다. 또한 경력적인 부분에서 일 경험이 없는 지원자들도 본인이 학창시절 책임감 있게 맡았던 부분이나 봉사활동 등을 말해 주면 됩니다. 호텔이나 서비스직에서는 경력이 있는 사람을 물론 우대하지만 항상 중요한 것은 태도라는 것을 잊지 말도록 합시다. 아무리 본인이 경력이 많더라도 항상 겸손한 태도로 면접에 임하는 것이 중요하다는 것을 다시 한번 잊지 않는 것이 중요합니다.

1) 좋은 서비스란 무엇입니까? 서비스에 대하여 정의내릴 수 있습니까?

- What is service?
- What do you think service is?
- Can you define about service?

📍 마음에서 우러나오는 것

I think service is "straight from the heart". Because when I am not happy, customer also feels the same. Therefore we always think positive and do service straight from the heart.

저는 서비스란 "마음에서 우러나오는 것"이라고 생각합니다. 만약 내가 행복하지 않다면 고객 또한 똑같이 느끼기 때문입니다. 그러므로 항상 긍정적으로 생각하고 마음에서 우러나오는 서비스를 해야 합니다.

♀ 사람의 마음을 읽는 것

I believe service is "reading others feeling". When I was in restaurant, I felt very cold. At that time, waitress found me and got me hot water. I was so happy with that.
저는 서비스란 "다른 사람의 마음을 읽는 것"이라고 믿습니다. 제가 식당에 갔을 때, 너무 추웠습니다. 그때 종업원이 그런 저를 발견하고 따뜻한 물을 주고 갔습니다. 저는 그때 그것으로 인해 너무 행복했었습니다.

♀ 내가 대우받고 싶은 대로 상대방을 대우하는 것

I can define service is "treating the person the way I would like to be treated". We always expect treating ourselves in nice way. So we always remind this "treating the person the way I would like to be treated".
저는 서비스를 "내가 대우받고 싶은 대로 상대방을 대우하는 것"이라고 정의 내리겠습니다. 우리는 항상 좋게 대우받기를 기대합니다. 그러므로 우리가 서비스를 제공할 때는 내가 대우받고 싶은 대로 상대방을 대우해야 합니다.

📍 사람들을 행복하게 만드는 것

I think service is "making people happy". I feel happy when someone cares me and shows me smiling face. So I want to be a happy service provider with smiling face and nice caring personalities.

제 생각에는 서비스는 "사람들을 행복하게 만드는 것"이라고 생각합니다. 저는 누군가가 저를 보살피고 웃는 모습을 보여주는 것에 행복을 느낍니다. 그래서 저는 저의 웃는 얼굴과 자상한 성격으로 행복한 서비스 제공자가 되고 싶습니다.

My Answer

좋은 서비스를 제공하는 인재를 채용하는 것이 호텔 직원을 채용하는 기준점이기 때문에, 본인이 서비스에 관하여 어떠한 생각을 가지고 있는지를 면접관에게 잘 보여주는 것이 중요합니다. 왜냐하면 분명 서비스직업은 겉으로는 화려하고 멋지게 보여도 정작 일을 해 보면 체력적으로나 여러모로 힘든 일인 것임은 부정할 수 없기 때문입니다. 본인이 생각하는 서비스의 정의를 내려보고 그에 따른 본인의 경험에 관하여 연관해서 답변을 정리해 봅시다.

2) 서비스직의 경험이 있습니까?

- Have you ever worked in service filed?

📍 바에서 일한 경험

I used to work as a waitress in a bar. I served all kind of alcohols and snacks. It was so nice experience which I could learn many kind of cocktail. I sometimes suggest nice menu to my customer. They were happy with my suggestions.

저는 바에서 웨이트리스로 일한 경험이 있습니다. 저는 모든 종류의 술과 스낵을 서비스했습니다. 그것은 정말 좋은 경험이었고 많은 칵테일을 배우게 되었습니다. 때로는 손님에게 좋은 메뉴를 제안하기도 했습니다. 그 제안에 손님들께서 매우 즐거워하셨습니다.

📍 카페에서 일한 경험

I worked as a barista at the café. I made coffee myself and did coffee art as well. I also handled cashiering and customer service as well. It was very good chance to learn more about coffee and tea, plus customer service as well.

저는 카페에서 바리스타로 일했습니다. 저는 커피를 만들고 커피에 그림도 그렸습니다. 또한 저는 돈을 디루고 고객서비스도 다루었습니다. 그것은 커피와 차 그리고 고객서비스를 이해하는 데 정말 좋은 기회였습니다.

📍 호텔 연회장에서 일한 경험

I had part time job at the hotel banquet every weekend. It was so exiting working there. I served meals and got order also greeted all customers. Even it was so tired but so rewarding. I found my aptitude at that hotel.

저는 매주 호텔 연회장에서 아르바이트를 했습니다. 그곳에서 일하는 것이 정말 흥미진진했습니다. 저는 고객들에게 음식을 제공하고 주문을 받고 인사도 했습니다. 비록 그 일은 힘들었지만 매우 보람되었습니다. 저는 호텔에서 저의 적성을 알게 되었습니다.

📍 리셉션으로 일한 경험

I was a receptionist in fitness center. At that time I gave some information and answer to customers everything about our fitness center. It was so nice to see many kinds of people and learned how to groom myself. It was nice experience to improve my interpersonal skills.

저는 휘트니스센터의 리셉션이었습니다. 그때 저는 손님들께 정보를 드리고 저희 휘트니스센터에 관해서 모든 것을 응답해 주었습니다. 여러 유형의 사람들을 만나고 어떻게 스스로를 꾸미는지 배울 수 있었습니다. 그 경험은 저의 대인관계 기술을 향상시키는 데에 좋은 경험이었습니다.

본인의 경험을 말할 때에는 지원하는 분야를 잘 고려하여 지원하는 분야
에 어울리는 성향이나 경력을 이야기하는 것이 좋습니다. 만약 식음료부
(F&B)를 지원한다면 본인의 서비스 경력이나 강인한 체력을 요했던 경험
을 중점을 두어 이야기하면 될 것이며, 프런트 데스크(front desk) 지원
자는 본인의 어학실력이나 고객을 대상으로 컴플레인을 대했던 기술을
중점을 두어 이야기하는 등 지원하는 분야를 잘 생각하여 경력을 기술하
는 것이 좋습니다.

3) 지원하는 부서의 임무를 말씀해 주시겠습니까?

- Can you tell me about the duty you applying?

♀ F&B 지원

 I am applying for F&B. They are in charge of taking
order and serving meals and beverages. Also handling
customer complains as well. I think they need strong
physical condition and service mind as well. I am
physically and mentally strong and have lots of service

experience, So I sure am a very suitable person in this job.

저는 F&B에 지원합니다. 그들은 음식을 주문 받고 또한 음식과 음료를 서비스합니다. 또한 고객의 불만을 다루기도 합니다. 제 생각에는 F&B부서는 강한 체력과 서비스 마인드를 요한다고 생각합니다. 저는 신체적, 정신적으로 강하고 많은 서비스 경력이 있기 때문에 이 임무에 잘 맞는 사람이라고 확신합니다.

📍 Front desk 지원

I am applying for Front desk. They are mainly handling all about customer services also check in and out service. I think they need interpersonal and languages skill because they always handle people from different country and background.

저는 프런트 데스크에 지원합니다. 그들은 주로 모든 고객 서비스를 다루며, 또한 체크인과 체크아웃 서비스를 합니다. 그들에게 대인관계 기술과 언어적 능력이 필요하다고 생각되는데 그 이유는 다른 나라와 다른 배경에서 온 사람들을 매일 다루기 때문입니다.

📍 GRO 혹은 ELF 지원

I am applying for GRO. GRO stands for Gust Relations Officer and mainly handling for VIP customers. Therefore it is essential that having fluent languages skill and international service manners. I used to work in Korean air VIP lounge that I am sure I can do GRO duty very well.

저는 GRO를 지원합니다. GRO는 고객 밀착 서비스를 뜻하며, 주로 VIP고객을 상대합니다. 그러므로 GRO에게는 유창한 언어실력과 국제적 서비스 매너가 매우 필요합니다. 저는 대한항공 VIP라운지에서 근무했던 경험이 있기 때문에 GRO의 임무를 잘 할 수 있을 것이라고 확신합니다.

📍 Sales Manager 지원

I am applying for Sales Manager. They normally do sales business marketing and introducing the hotel. The most important thing for sales manager are 'time management', 'relationship marketing' and 'stress management'. I have an experience in F&B also front office as well. Therefore I can handle all of hotel job very well.

저는 세일즈 매니저에 지원합니다. 그들은 대부분 세일즈 비즈니스 마케팅과 호텔을 소개하는 일을 합니다. 세일즈 매니저에게 제일 중요한 것은 시간 배분, 고객과의 관계형성, 발전 능력 그리고 스트레스를 잘 관리할 수 있는 능력입니다. 저는 F&B와 프런트 오피스의 경험이 있기 때문에 모든 호텔에서 일어나는 일들을 잘 다룰 수 있습니다.

My
Answer

본인이 어느 부서에 어떤 일에 지원하느냐에 따라서 답변이 달라집니다. 먼저 이 책의 제1장에 있는 〈3. 호텔리어는 어떤 직업일까?〉에서 부서별 직업의 임무와 성향을 알아보는 것이 중요합니다. 이후 부서의 업무를 이해하고 본인이 왜 적합한지에 대한 이유까지 쓴다면 더할 나위 없는 훌륭한 답변이 될 것입니다. 호텔리어가 하는 일은 모두 비슷비슷해 보이지만 부서별 임무가 조금씩 다르기 때문에 좀 더 자세하게 임무를 이해하는 것이 필요합니다.

또한 지원자 10명 중 단지 2~3명만이 직무를 알고 면접을 봅니다. 본인이 지원하는 업무를 모르고 지원한다는 사실 자체가 면접관들에게는 확신을 줄 수 없는 지원자라는 느낌을 매우 크게 줄 것입니다. 그렇기 때문에 내가 지원하는 부서가 어떤 업무를 하는지 정확하게 알고 면접을 보는 것이 매우 중요합니다.

4) 5년 뒤 당신은 무엇을 기대하십니까?
장기 목표는 무엇입니까?

- What do you expect after 5years later yourself?
- What is your long term goal?

♀ 지배인

My long term goal is that I want to be a manager. I would like to work this hotel for a long time as a professional hotelier. Plus, I want to lead my junior in right way as a manager. It is not easy to be a manager in the future but I will try and do my best.

저의 장기적 목표는 지배인이 되는 것입니다. 저는 이 호텔에서 전문적인 호텔리어로 오랫동안 하고 싶습니다. 그리고 저는 매니저로서 저의 후배들을 옳은 길로 이끌고 싶습니다. 미래에 매니저가 되는 것이 쉽지는 않지만 저는 최선을 다하도록 노력하겠습니다.

♀ 호텔 최고의 소믈리에

I want to be the best sommelier in this hotel. I am a well -trained sommelier so I can serve to customer in a professional manners. Also I have lots of knowledge of wines as well. I want to learn and improve more while I working in this hotel.

저는 이 호텔에서 최고의 소믈리에가 되고 싶습니다. 저는 교육이 잘 된 소믈리에이며, 또한 좋은 매너로 고객에게 서비스를 잘 할 수 있습니다. 또한 저는 와인에 관한 지식이 많습니다. 저는 이 호텔에서 일하는 동안 더욱더 배우고 향상시키고 싶습니다.

📍 서비스 교육관

I expect myself as a service trainer. Because I have lots of service experiences and I love to be in front of people to and meeting different people. Even I can do hair and nails myself as well. With my all skills and personality, I expect to be a professional service trainer near future and I will train my junior member.

저는 서비스 교육관이 되는 것을 기대합니다. 왜냐하면 저는 많은 서비스 경력과 사람들 앞에서 있는 것과 다른 사람들을 만나는 것을 좋아합니다. 심지어 저는 머리와 손톱을 스스로 잘 가꿀 수 있습니다. 이러한 기술과 성격으로, 저는 미래에 전문적인 서비스 교육관이 되는 것을 기대하며 저의 후배들을 교육시킬 것입니다.

📍 여러 부서에서 일해 보는 것

I want to work at least 2 departments. Even I am applying for front office job but I want to work in back office or F&B department near future. I think if I work more than 2 departments, I can be a multiplayer and I can contribute a lot in this hotel.

저는 최소 2개의 부서에서 일해 보고 싶습니다. 비록 저는 프론트 오피스 업무에 지원을 하지만 가까운 미래에는 백 오피스(사무실)의 업무나 식음료 부서에서도 일해보고 싶습니다. 만약 2개 이상의 부서에서 일하게 된다면, 멀티플레이어가 될 수 있으며 호텔에 더 많은 기여를 할 수 있다고 생각합니다.

**My
Answer**

이 질문은 본인이 호텔에 입사하여 어떠한 장기적 전망을 바라보고 있는지에 대한 생각을 알아보는 질문입니다. 물론 입사 후에는 본인의 임무에 성실히 임해야 하지만, 전체적으로 지원하는 분야에 어떠한 직위와 부서가 있는지에 대해서 생각해 보고 지원하는 것이 미래에 본인의 적성에 맞는 부서를 찾는 데에 많은 도움이 될 것입니다. 또한 장기적 목표에 관한 질문에 대한 답변은, 본인이 그 분야에서 전문가가 되도록 노력하겠다는 생각으로 이야기하는 것이 면접관에게 성실한 모습을 보여줄 수 있는 좋은 방법입니다.

5) 호텔리어로서 일하면서 좋은 점 또는 나쁜 점은 무엇이라고 생각하십니까?

- What do you think good or bad of working as an hotelier?

📍 장점 1(다양하고 많은 사람들을 만날 수 있는 기회)

I think good thing working as an hotelier is that I can meet lots of people. So I can improve my interpersonal skill and service skills as well. I think by handling and caring people are not that easy but working as an hotelier, I can develop myself and learn many things.

호텔리어로서 일하면서 좋은 점은 많은 사람들을 만날 수 있다는 점인 것 같습니다. 그래서 저의 대인관계 기술과 서비스 기술 또한 향상시킬 수 있습니다. 사람들을 다루고 보살피는 것은 쉽지 않지만 호텔리어로서 일하면서, 스스로를 발전시키며 많은 것을 배울 수 있다고 생각합니다.

📍 장점 2(전문적인 서비스업)

An hotelier is a professional job in service filed. I can learn professional and international service manners. Plus, we can get a chance to be a service manners instructor, flight attendant or working in overseas hotel later. I found lots of good thing working as an hotelier that is the reason why I apply.

호텔리어는 서비스업계에서 매우 전문적인 직업입니다. 여기서 전문적이며 국제적인 서비스 감각을 배울 수 있습니다. 게다가, 나중에 서비스매너 강사, 항공승무원 또는 해외호텔 근무 등의 기회를 얻을 수도 있습니다. 저는 호텔리어로서 일하면서 좋은 점을 많이 찾았기에 지원하게 되었습니다.

📍 단점 1(체력적으로 도전적)

I guess, they greet to customer and stand all the time. It could be very challenging for me but I always try to keep my body health. I go to gym 3times a week and take a walk instead of taking escalator. So there is no problem even I stand all the time at the hotel.

제가 생각하기에는, 호텔리어들은 항상 고객에게 인사하며 종일 서 있습니다. 그것이 저에게 매우 도전적일 것 같지만 저는 항상 건강한 신체를 만들기 위해 노력 중입니다. 저는 일주일에 3번은 헬스클럽에 가고 에스컬레이터를 타는 대신에 걸어 다닙니다. 그래서 저는 호텔에서 종일 서 있어도 문제 없습니다.

📍 단점 2(감정노동의 스트레스)

An hotelier is always handling customer's complains. Therefore sometimes they get stress by handling complains. But that is our duty and we can't avoid it. To release my stress I will always think positive way and try to put myself into customer's shoes.

호텔리어는 항상 고객의 불만사항을 다룹니다. 그러므로 컴플레인을 다루면서 때때로 스트레스를 받습니다. 하지만 그것은 그들의 임무이기 때문에 피할 수 없습니다. 저는 스트레스를 풀기 위해서 항상 긍정적으로 생각하며 고객의 입장에서 생각하도록 노력하겠습니다.

My
Answer

모든 직업에는 장점과 단점이 있습니다. 호텔리어의 장점에는 주 5일 근무로서 하루 8시간의 정해진 시간의 근무로 정해진 시간만 일하게 됩니다. 또한 4대 보험 적용, 직원할인, 야근수당, 건강검진 지원, 교육비나 경조사비 지원, 출산휴가 등 많은 복리후생과 미래에 서비스매너 강사, 외국항공사 근무, 해외호텔 근무, 해외체인 호텔 근무, 외식사업부 근무 등의 다른 서비스직으로서의 전환에도 많은 비전이 있습니다. 하지만 단점으로는 서비스업이기에 본인의 개인사에 관계없이 웃으면서 고객을 환대해야 한다는 점 그리고 프런트 데스크(front desk)나 식음료(F&B)부서들은 항상 서 있고 움직이는 직업이므로 체력적으로 도전적이라는 점을 들되, 그러한 단점들을 극복하기 위해서 어떻게 노력하고 있는지에 관해 적절한 답변을 준비하면 좋습니다.

6) 왜 우리가 당신을 뽑아야 합니까?
당신은 호텔리어가 되기 위한 어떠한 자질을 가지고 있습니까?

- Why should we hire you?
- What qualification do you have to be an hotelier?

📍 예쁜 미소를 가지고 있음

As you can see, I have a big and nice smile. I think working as a service provider, good smile is the most important. Some of my friends say that they feel happy after looking at me. With my big and nice smile, I will make my customer happy and visit them again our hotel.

보시다시피, 저는 크고 예쁜 미소를 가지고 있습니다. 저는 서비스 제공자로서 일할 때, 예쁜 미소가 가장 중요하다고 생각합니다. 몇몇 친구들이, 저를 보면 기분이 좋아진다고 말하곤 합니다. 이러한 저의 크고 예쁜 미소로 저는 고객들을 행복하게 만들 수 있고 또한 다시금 우리 호텔로 방문하게 만들 것입니다.

📍 많은 서비스 경력

As you can see my resume, I have lots of service filed experience. I worked at bar and restaurant also guest house as a staff. I believe most of my experience could be very helpful when I work as an hotelier. With my service experiences I can be a best service provider in this hotel.

제가 많은 서비스분야에서 일했다는 것을 제 이력서를 보시면 알 수 있으실 것입니다. 저는 바와 식당 그리고 게스트하우스에서 직원으로 일했습니다. 대부분의 경력이 호텔리어로 일하는 데에 많은 도움이 될 것이라고 믿습니다. 이러한 저의 서비스 경력들로 제가 이 호텔에서 최고의 서비스 제공자가 될 수 있을 것입니다.

📍 의사소통 능력이 뛰어남

I am a trilingual speaker. I speak Korean, English and Japanese. I think working in hotel languages skill is most essential things. Now I am learning Chinese languages so that I will help even Chinese customer near future. With my language skill, I will communicate all my customers well.

저는 한국어, 영어 그리고 일본어 이렇게 3개 국어가 가능합니다. 저는 호텔에서 일하기 위해서는 언어적인 능력이 매우 필요하다고 생각합니다. 현재 저는 중국어를 배우고 있어서 나중에는 중국 손님들까지 도와드릴 것입니다. 저는 저의 언어적인 능력으로 모든 손님들과 의사소통을 잘 하겠습니다.

📍 신체적, 정신적으로 건강함

I am a physically and mentally healthy person. I do exercise and meditate regularly. I am sure to be an hotelier they need strong body and patient. Also I will even keep my good attitude toward customers.

저는 신체적으로 정신적으로 건강한 사람입니다. 저는 정기적으로 운동과 명상을 합니다. 저는 호텔리어가 되기 위해서는 강한 체력과 인내력이 필요하다고 확신합니다. 또한 고객에 대해서도 좋은 태도를 지킬 것입니다.

My
Answer

7) 손님으로부터 불평을 들었다면, 어떻게 다룰 것입니까? 화난 손님을 어떻게 다룰 것입니까?

- If you get complain from the customer, how will you handle it?
- How will you handle angry customers?

📍 진심으로 사과한다

I will apologize sincerely about complain and listen what is their problems. More and more, try to find out solution. So, I will do my best solve the problems and show my sincerity.

저는 먼저 그 불평에 대해서 진심으로 사과를 드리고 문제에 대해서 듣겠습니다. 또한 문제를 해결하도록 노력하겠습니다. 그래서 그 문제를 해결하는 데 최선을 다하고 저의 진실함을 보여드리겠습니다.

📍 손님의 입장에서 항상 생각한다

If I get complain from the customer, I will try to empathize the customer. I am sure that must be some reason and try to find out that reason. Plus, I will show my empathy and take it seriously.

만약 손님으로부터 불평을 들었다면, 저는 그 손님에게 공감하려고 노력할 것입니다. 저는 그럴 만한 이유가 있다고 확신하며 이유를 알아내기 위해서 노력할 것입니다. 또한 저의 공감과 진지한 태도를 보여드리겠습니다.

📍 계속 모니터링하며 지켜본다

I think, after I get complain, service recovery is the most important issues. I will keep monitoring and care the customer more and more, I will keep checking the customer's condition as well till the customer's feel satisfying.

저는 불평을 들은 후에 제일 중요한 점은 서비스 회복이라고 생각합니다. 저는 손님을 계속 모니터링하고 보살피며 거기에 손님의 상태를 지속적으로 체크하여 다시금 만족을 드리려고 노력하겠습니다.

📍 선배로부터 배운다

Actually, I don't have much experience about handing complains. If it happens to me, I will do my best to handle. However I think it is the best way to learn from my senior. They have much experience and knowledge then me. Therefore learning from senior could be very helpful when I handle the customer service.

사실, 저는 불만을 다루는 데 많은 경험이 없습니다. 만약 이러한 일이 저에게 일어난다면, 저는 문제를 다루는 데 최선을 다할 것입니다. 하지만 최고의 방법은 선배에게 배우는 것이라고 생각합니다. 그들이 더 많은 경험과 지식을 가지고 있기 때문입니다. 그러므로 선배에게 배우는 것이 고객 서비스를 다루는 데 많은 도움이 될 것입니다.

My Answer

호텔에서 호텔리어로 일한다는 의미는 고객의 불편함을 다루고 대 고객 서비스를 제공한다는 의미입니다. 이러한 손님의 불평을 다루는 기술은 서비스인에게는 매우 중요한 기술입니다. 항상 고객의 입장에서 생각하고 최선을 다해서 불평을 해결하려고 노력한다면 분명 고객은 마음이 풀릴 것입니다. 답변은 손님의 입장에서 생각하며 진심으로 대하고 사과하며, 이후 고객의 상태를 지속적으로 모니터링하는 것이 중요하다는 식으로 만드는 것이 좋습니다.

8) 저에게 와인을 추천해 줄 수 있습니까?

* Can you suggest to me wine?

📍 백포도주

 If you like sweet tasty, I kindly suggest you to have a white wine name as "Muscat". Also white wine is always good matching with white meat. Therefore I suggest you to have "Muscat" as a white wine.

만약 면접관님이 단맛을 좋아하신다면, 저는 백포도주의 "무스카토"를 추천 드립니다. 백포도주는 항상 흰색 고기에 잘 어울립니다. 그러므로 저는 백포도주인 "무스카토"를 추천 드립니다.

📍 적포도주

 If you like the red wine I strongly suggest you to have "Montes Limited selection". It is Pinot Noir and from Chile. If you're having a red meat with red wine, it would be perfect harmony.

만약 적포도주를 좋아하신다면 저는, "몬테스 리미티드 셀렉션"을 추천 드립니다. 이것은 피노누아이며 칠레산입니다. 만약 빨간색의 고기를 적포도주와 드신다면, 정말 좋은 궁합이 될 것입니다.

📍 샴페인 추천

I'd like to suggest you to have "Moet & Chandon" as a Champagne. It is very good for very special day. If you put the strawberry inside, tasty will be great.

저는 샴페인 중에서 "모에 샹동"을 추천 드립니다. 이것은 특별한 날에 참 좋습니다. 만약 딸기를 안에 넣어서 드신다면, 맛이 정말 최고일 것입니다.

My
Answer

식음료부를 지원하신다면 받을 수 있는 질문입니다. 실제로 호텔에서 빈번하게 질문하는 내용이기도 합니다. 지금은 와인에 대해서는 잘 몰라도 되지만, 일단 식음료부를 지원하게 된다면 자주 접하게 되는 상황이므로 미리 종류에 대해서 알아보는 것이 면접에서나 실제로 일할 때에 많은 도움이 될 것입니다. 와인을 잘 모른다면 아래에 예제로 나와 있는 와인의 종류를 숙지하면 좋을 것입니다.

📍 와인의 종류

대표적인 화이트와인의 품종으로는 샤르도네(Chardonnay), 쇼비뇽 블랑
(Sauvignon Blanc), 리슬링(Riesling), 세미용(Semillon), 피노 그리지오
(Pinot Grigio), 게부르츠트라미너(Gewurztraminer), 슈냉 블랑(Chenin
Blanc), 무스카트(Muscat), 무스카데(Muscadet), 피노블랑(Pinot Blanc),
뮐러 트루가우(Muller - thurgau) 등이 있습니다.
또한 레드와인의 품종으로는 카베르네 소비뇽(Cabernet Sauvignon), 메를
로(Merlot), 피노 누아(Pinot Noir), 시라(Syrah), 시라즈(Shiraz), 카베르네
프랑(Cabernet franc), 프티 베르도(Petit Verdot), 진판델(Zinfandel), 가메
(Gamay), 말벡(Malbec), 네비올로(Nebbiolo), 그르나슈(Grenache), 산지오
베제(Sangiovese) 등이 있습니다.

*두산백과사전 참조

9) 외국인 손님에게 좋은 장소를 추천해 주실 수 있습니까?

● Can you suggest nice place to foreign customers?

📍 쇼핑장소를 추천

I suggest you to go to "Myung Dong" area for shopping.
There are many kinds of bags, clothes and cosmetics in
cheap and good quality. If you want to get luxurious
product, you can reach department store around there.
저는 "명동" 주변을 쇼핑장소로 추천합니다. 그곳에는 많은 종류의 가
방, 신발 그리고 화장품 등을 싸고 좋은 품질로 구입할 수 있습니다.
만약 명품을 구입하고 싶으시면, 그 주변에 있는 백화점에서 구입할

수 있습니다.

📍 전통시장을 추천

I strongly recommend you go to "Namdaemoon market". You can see the all traditional food and life in Korea. Also you can get "Seoul city tour bus" in front of Dongdaemoon plaza, it takes you every traditional market in Seoul.

저는 "남대문시장"을 추천드리고 싶습니다. 한국의 모든 삶과 음식을 볼 수 있을 것입니다. 또한 동대문 플라자 앞에서 "서울 시티투어 버스"를 타시면, 서울의 모든 전통시장을 방문하실 수 있습니다.

📍 관람 추천

I kindly suggest you watch the "Nanta performance". It is a very popular musical and it is a Korean style non-verbal performance using kitchen utensils. Also the show is about 4 chefs drumming and juggling. You surly like it.

저는 "난타공연"을 관람하는 것을 추천해 드립니다. 이 공연은 매우 유명한 뮤지컬이며 한국 스타일의 부엌용품을 이용한 대사 없는 공연입니다. 또한 이 공연은 4명의 주방장이 드럼을 치며 저글링을 합니다. 분명 좋아하실 것입니다.

📍 관광지 추천

I like the drama as "Winter sonata". That drama is about romantic love story. In "Nami Island" you can experience and see beautiful scenery and remind that drama. Any season doesn't matter, visit anytime.

저는 "겨울연가" 드라마를 참 좋아합니다. 그 드라마는 로맨틱한 사랑 이야기입니다. "남이섬"에서 그 드라마를 경험하고 아름다운 광경을 다시금 생각할 수 있습니다. 어느 계절이든 상관없으니 언제든 방문하십시오.

My
Answer

컨시어지에서는 고객에게 유명한 장소, 맛집 또는 장소를 손님께 추천드리는 부서입니다. 그렇기 때문에 미리 지도와 함께 장소를 알려주고 항상 새로운 정보와 손님이 원하는 정보를 충족시켜야 하기 때문에 항상 관광명소나 지도를 숙지하고 있는 것이 중요합니다.

8. 우리 회사에 왜 지원했나요? - 지원동기편

지원동기는 본인이 어떠한 장점과 경력으로 특정 회사에 지원했는지와 그리고 본인의 적성이 지원하는 회사와의 인재상과도 맞는지에 대하여 본인을 인터뷰하는 질문입니다. 최소한 지원하는 회사에 대한 기본적인 정보를 인터넷이나 다른 잡지 등을 통해서 알아가야 합니다. 예를 들어, CEO의 이름, 객실의 개수, 레스토랑의 콘셉트, 지원하는 호텔만의 장점이나 특징 그리고 최근 뉴스 등을 면접을 보기 전에 미리 숙지하는 것이 매우 중요합니다. 또한 호텔의 웹사이트에 들어가 보면 인재채용을 하는 부분에서 선호하는 인재상이 나오는데, 어떠한 인재상을 원하는 지를 숙지하고 참고해서 본인의 자질과 인재상에 부합하게 답변하는 것이 매우 중요한 부분입니다.

아래는 여러 호텔에서 주로 원하는 호텔리어의 인재상입니다. 되도록 본인이 밑에 주어진 인재상과 부합하도록 답변을 만드는 것이 중요합니다.

📍 호텔에서 원하는 지원자의 인재상

- customer focused (고객중심 사고지향)
- international understanding (국제적 감각 소유)
- professional knowledge and attitude (전문지식과 태도 겸비)
- positive (긍정적인)
- warm - hearted (마음이 따뜻한)
- team player (팀워크가 있는)
- outgoing (외향적인)

- service oriented mind (서비스 지향적인)
- caring (배려하는, 보살피는)
- sociable (사교적인)

1) 왜 우리 호텔에 지원하셨습니까?
우리 호텔에 대해서 아는 것이 무엇입니까?

- Why do you apply for our hotel?
- What do you know about our hotel?

📍 반얀트리 호텔 – 호텔의 정보와 본인의 경험을 토대로 이야기

I know Banyan Tree Club and Spa Seoul is the one of famous and luxurious hotel in Korea. There are unique concept of 50 rooms and many different types of restaurants and bars. So, customers can relax and enjoy here. It means I can learn and grow in many ways. Last year, I had a part time job in this hotel as a waitress, I met nice manager and he gave a good advice to be an hotelier. I want to work nice people like that manager that is why I am here.

반얀트리 클럽 앤 스파 서울은 한국에서 유명하고 고급스러운 호텔 중의 하나로 알고 있습니다. 고유한 콘셉트로 디자인된 50개의 객실과 레스토랑 그리고 바가 있습니다. 따라서 많은 고객들이 이곳에서 쉼과 즐김을 함께 할 수 있습니다. 이것은 제가 여러 가지 방법으로 많이 배우고 성장할 수 있다는 뜻입니다. 작년 저는 이 호텔에서 웨이트리

스로 아르바이트 한 적이 있었는데, 좋은 매니저님을 만나 호텔리어가 되기 위한 좋은 조언을 주셨습니다. 저는 그 매니저님처럼 좋은 사람들과 함께 일하고 싶어서 이곳에 지원하게 되었습니다.

📍 신라 호텔 — 호텔의 인재상과 본인의 성격을 토대로 이야기

I know Shilla hotel is the best hospitality company and want to hire someone who has "Service-Oriented Mind", "Change-Oriented Mind" and "Future-Oriented Mind." For sure I have all of them. First, I have service oriented mind. I had lots of part time job in service filed that I know how to handle the customer. Second I have change oriented mind. I always learn new things that I don't know. Lastly, I have future oriented mind. I always think the future not only tomorrow. I think my personality would be very helpful when I become an hotelier in Shilla hotel.

신라 호텔은 최고의 환대기업이며 또한 서비스지향형 인재, 변화지향형 인재 그리고 미래지향형 인재를 채용하는 것을 선호한다고 알고 있습니다. 확실히 저는 그 모든 것들을 가지고 있다고 생각합니다. 첫째로 저는 서비스지향형입니다. 저는 많은 서비스 관련 아르바이트를 통해서 어떻게 손님들을 대하는지 잘 알고 있습니다. 두 번째로 저는 변화지향형입니다. 저는 언제나 새로운 것과 제가 알지 못하는 것을 배웁니다. 마지막으로 저는 미래지향형입니다. 항상 내일만을 생각하는 것이 아니라 미래를 내다볼 줄 압니다. 이러한 저의 성격이 신라 호텔

의 호텔리어로 일하기에 매우 도움이 될 것이라고 생각합니다.

📍 하얏트 호텔 — 외국계 호텔 체인을 배우고 싶음을 이야기

Hayatt hotel is a global hospitality company with widely recognized, industry leading brands over our more than 60 year history. Also their mission is "to provide authentic hospitality by making a difference in the lives of the people we touch every day". Also there are more than 500 hotels around the world. Therefore I want to learn global brand hospitality and work somewhere in Hayatt hotel in another country.

하얏트 호텔은 60여 년에 걸쳐 확고한 명성과 업계 최고의 브랜드를 확립한 다국적 호텔 기업입니다. 또한 "매일 만나 뵙는 손님들의 삶 속에서 작은 차이를 통해 환대의 진수를 느낄 수 있도록 최선을 다해 모시는 것"이 하얏트의 목표입니다. 또한 전 세계에 걸쳐서 500개가 넘는 호텔이 있습니다. 그러므로 저는 이러한 다국적 브랜드의 환대를 배우고 다른 나라의 하얏트 호텔에서 꼭 일해보고 싶습니다.

My Answer

각각의 호텔에 지원할 때는 지원하는 호텔의 홈페이지를 참고하여 호텔의 객실과 레스토랑의 콘셉트, 인재상 그리고 최신의 뉴스까지 체크하는 열정이 필요합니다. 지원동기는 위의 예와 같이 본인의 경험을 토대로 이야기, 호텔의 인재상과 본인의 성격을 연결시켜 이야기하거나 외국계 호텔은 지원하면서 다국적 호텔에서 일하며 나중에는 다른 체인 호텔에서도 일 해보고 싶다는 본인의 의지와 포부를 잘 이야기하면 좋습니다.

2) 왜 호텔리어가 되고 싶습니까?

• Why do you want to be an hotelier?

♀ 서비스직에 잘 맞는 사람

I am a very suitable person in service job. I like serving people and meeting people. I think working at hotel is the best way to learn and experience all about service. That is why I want to be an hotelier and I will be the best as a service provider.

저는 서비스에 매우 잘 맞는 사람입니다. 저는 사람들에게 서비스하고 만나는 것을 좋아합니다. 제 생각에는 호텔에서 서비스에 관해서 일하면서 배우고 경험을 쌓는 것이 최고의 방법이라고 생각합니다. 그렇기 때문에 저는 호텔리어가 되어 최고의 서비스를 제공하는 사람이 되고 싶습니다.

📍 호텔에 투숙한 경험을 토대로 이야기

Last year, I had stayed ○○hotel in Busan. I got good impression from the hotelier because they always smile and nice all the time. I want to be a person who can give inspires someone.

지난해 저는 부산에 있는 ○○호텔에 숙박한 적이 있습니다. 저는 그곳의 호텔리어 들에게서 좋은 인상을 받았는데 항상 미소를 잃지 않으면서 좋은 태도로 일관했기 때문입니다. 저도 누군가에게 영감을 줄 수 있는 그런 사람이 되고 싶습니다.

📍 호텔의 적성에 잘 맞는 사람

I think the office job is not my aptitude. I prefer meeting and helping people while I am working. That is why I am applying for hotel job which is my best aptitude.

저는 사무직이 제 적성이 아니라고 생각합니다. 저는 일을 하면서 사람들을 만나고 도와주는 것을 선호합니다. 그렇기 때문에 저의 최고의 적성인 호텔직에 지원하게 되었습니다.

My
Answer

본인이 왜 호텔리어가 되고 싶은지에 대하여 여러 가지 이유를 명확하게 제시하고 면접관에게 호텔리어가 되고 싶은 이유를 들어서 잘 설득하는 것이 매우 중요합니다. 예를 들어, 본인이 서비스직에 가장 잘 맞는 성격이나 적성을 가지고 있다거나 혹은 본인이 이용한 호텔의 서비스나 직원의 친절함에 매우 인상 깊어 지원하게 되었다는 등의 실제 자신의 적성이나 경험담을 들어 설득하는 것이 매우 바람직합니다.

3) 동료와 오해가 생기면 어떻게 다룰 것입니까?

• How will you handle when you have misunderstanding or conflict with your co‐workers?

📍 이야기를 잘 듣는다

I think "listening" is the best way to handle with misunderstanding people. Maybe there is a reason why they get misunderstanding. Therefore I will try to find out and respect my co‐worker.

제 생각에는 오해가 있는 사람들을 다루는 것에는 "듣는 것"이 가장 중요하다고 생각합니다. 그렇기 때문에 저는 문제를 알아내고 저의 동료를 존중하려고 노력할 것입니다.

📍 상사에게서 도움을 받는다

If I can't handle myself, I will ask for help to my manager. Maybe they have much experience than me and I am sure they will help me to solve the problems well. After that, I will learn from them how to handle it.

만약 제가 스스로 다루지 못한다면, 저는 저의 매니저님께 도움을 요청하겠습니다. 아마도 그들이 저보다 더 많은 경험을 가지고 있기 때문에 확실히 문제를 잘 해결해 주실 것이라고 생각합니다. 이후에 그들에게서 어떻게 다루는지를 잘 배우겠습니다.

📍 이해하려는 태도를 취한다

I think attitude is the most important thing in this situation. I will be the one who try to understand others and keep nice attitude. Then I am sure my co-worker will understand me.

제 생각에는 이러한 상황에서 태도가 정말 중요하다고 생각합니다. 저는 상대방을 이해하려는 사람이 될 것이고 좋은 태도를 유지할 것입니다. 그러면 저는 저의 동료가 저를 이해해 줄 것이라고 확신합니다.

My
Answer

동료와의 오해가 생기는 문제는 어느 회사를 가더라도 접할 수 있는 상황일 것입니다. 특히 호텔 같은 서비스 업종은 본인의 기분이 좋지 않거나 함께 근무하는 동료와의 사이가 좋지 않더라도 그것을 겉으로 나타내면 절대 안 되는 직업과 장소이기 때문에 항상 주의하여야 합니다.

또한 이러한 동료와의 오해가 생기지 않도록 하려면 동료와의 지속적인 의사소통이 매우 필요합니다. 항상 동료의 이야기를 듣고 존중하는 태도를 보여준다면 아마도 큰 오해나 다툼 없이 즐겁게 일을 하면서 배워나갈 것입니다.

9. 영어 면접 평가 요소

영어 면접 평가 요소

English fluency (영어 유창성)	☐ Yes	☐ No	☐ Maybe
Tone and Voice (목소리와 음색)	☐ Yes	☐ No	☐ Maybe
Eye contact and gesture (시선처리와 제스처)	☐ Yes	☐ No	☐ Maybe
Pronunciation (발음)	☐ Yes	☐ No	☐ Maybe
Overall communication skills (전체적인 의사소통 능력)	☐ Yes	☐ No	☐ Maybe
Grooming (외양)	☐ Yes	☐ No	☐ Maybe
Can you imagine the candidate as our staff? (우리 직원으로서 적합한가?)	☐ Yes	☐ No	☐ Maybe
Comments			

모 호텔의 영어 면접 평가 요소입니다. 실제로 외국인 임원과 지배인들이 참석하여 지원자의 영어 면접을 보고 평가하는 내용이니, 잘 참고하여 연습하도록 합시다. 대체적으로 영어만을 보는 것이 아니라, 지원자가 말할 때 어떤 이미지를 풍기는 지도 많이 보는 사항이니 말할 때의 자세, 목소리, 제스처 그리고 시선처리 등도 생각하면서 면접을 보는 것이 매우 중요합니다.

제5장
면접관을 사로잡는
한국어 답변

한국인이라면 누구나 다 할 줄 아는 것이 한국어 면접이라고 생각하겠지만, 면접에 적합한 한국어 답변은 반드시 따로 있습니다. 면접관의 질문에 포인트를 맞추어 답변하는 비법 또한 반드시 있습니다. 이 장에서는 어떻게 하면 질문에 적절히 답하여 면접관을 사로잡을 수 있는 답변을 할 수 있는지 알아보도록 하겠습니다.

1. 면접관과 대화하며 교감하자
2. 꼭 나오는 10가지 한국어 질문과 면접관을 사로잡는 답변
3. 빈출도 높은 한국어 면접 기출문제

1. 면접관과 대화하며 교감하자

면접은 물론 "합격"하는 것이 중요합니다. 그렇기 때문에 나의 더 나은 모습을 보여주기 위해 기출되었던 문제와 예상문제의 답변을 생각하고 질문사항에 미리 준비했던 것처럼 답변을 잘 하고 좋은 이미지를 전달하면서 면접을 보는 것이 매우 중요합니다.

하지만, 면접관들의 생각은 조금 다릅니다. 물론 면접을 잘 보고 질문에 또박또박 답변을 하고 예쁘고 멋진 모습으로 면접을 보는 것은 매우 중요합니다. 하지만 면접의 본질은 답을 잘 하고 예쁘고 멋지게 보여주는 모습이 아니라, "이 지원자가 우리 회사의 이미지와 맞는가? 우리와 얼마나 성장 가능한가? 끝까지 성실하게 임무를 잘 수행할 수 있는가?" 이러한 "가능성"에 초점을 맞추고 그러한 지원자를 걸러내는 일이라고 생각한다면 면접이라는 것이 우리가 생각하는 그리 어렵고 긴장되는 일이 아니라는 것을 눈치 빠른 독자들은 이미 눈치 챘을 것입니다.

이러한 "가능성"을 알 수 있는 부분은 바로 면접관과 대화하면서 나누는 "교감"입니다. 대화하며 교감한다라는 의미는 상대방과 한 주제로 이야기를 나누며 그것에 관련되어 있는 이야기를 나누면서 즐겁거나 또는 교류할 수 있는 무언가를 찾아내는 과정입니다. 이것은 달리 말하면 면접관과 내가 잘 맞아야 하는 것인데, 아무리 면접을 잘 보더라도 떨어지는 지원자들은 분명 본인을 알아봐 주는 면접관이 나타날 때까지 계속 면접을 보라고 말씀드리고 싶습니다.

이렇게 면접관과 진심으로 대화하면서 교감한다면 면접을 못봤다고 하더라도 좋은 결과를 예상할 수 있을 것입니다.

2. 꼭 나오는 10가지의 한국어 질문과 면접관을 사로잡는 답변

1) 자기소개를 짧게 해 보세요

📍 일반적인 자기소개

안녕하십니까? 저는 현재 한국대학교 관광학과 2학년에 재학 중이며, 내년 1월에 졸업예정인 김하나입니다. 저의 취미는 수영과 볼링입니다. 저는 남다른 운동신경을 가지고 있으며 주로 취미로는 모든 운동을 좋아하는 편입니다. 그래서 저는 운동을 통해서 사람들을 많이 만나며 틈틈이 봉사활동도 다니는 활동적이고 마음이 따뜻한 사람이라고 말씀드리고 싶습니다. 또한 대학교 1학년 때부터 해왔던 서비스 관련 아르바이트를 통해서 서비스 마인드를 길러왔습니다. 저는 저의 이러한 활동적이고 사교적인 성격과 서비스 경력이 제가 호텔에서 호텔리어로서 일하는 데 큰 도움이 될 것이라고 생각합니다.

📍 특정 사물에 빗대어 소개

안녕하십니까? 저의 이름은 김하나입니다. 저는 제 자신을 "설탕"에 비유하고 싶습니다. 쓴 커피나 음식에 설탕이 약간 들어가면 달콤한 맛으로 기분이 좋아지고 피로도 싹 풀립니다. 저는 평소에 다른 사람들에게 많은 칭찬과 격려를 아끼지 않습니다. 따라서 저는 사람들의 기분이 좋고 피곤도 싹 가시게 만들 줄 아는 사람입니다. 또한 항상 남을 도와주며 맡은 일에 최선을 다하려고 매사에 노력하

고 있습니다. 저는 이렇게 어느 집단에서도 이렇게 "설탕"같이 누군
가에게 항상 도움이 되는 존재가 되고 싶습니다.

PR문구로 소개

"따뜻한 마음과 미소를 가지고 있는 오직 하나의 지원자" 안녕하
십니까? 지원자 김하나입니다. 저는 노숙자들에게 배식하는 오랜 봉
사활동을 통해서 남을 배려하는 따뜻한 마음을 지닐 수 있게 되었습
니다. 그러한 마음은 아마도 얼굴에도 자연스럽게 나타나게 되었던
것 같습니다. 봉사활동 이후에 주변 사람들로부터 미소가 참 따뜻하
고 예쁘다는 칭찬을 자주 듣게 되었습니다. 저는 이러한 따뜻한 마
음과 미소로 대 고객 서비스를 진심으로 할 줄 아는 따뜻한 호텔리
어가 되고 싶습니다.

My
Answer

TIP 자기소개는 100% 나오는 질문입니다. 또한 온라인으로 지원했을 때에도
작성하는 부분이라 우리가 제일 중요하게 신경 써야 하는 부분이기도 합
니다. 자기소개는 1분을 넘기지 않는 것이 이상적이며 자신의 장점이나

강조하고 싶은 부분이 2개 이상은 포함되어야 본인의 소개를 효과적으로 전달할 수 있습니다.

또한 여러 가지의 방법으로 자신을 간단명료하게 알리는 데에 노력해야 합니다. 하지만 지나친 본인의 자랑은 감점의 요소가 될 수 있다는 것을 참고하여 신중하게 준비하는 태도가 중요합니다.

2) 자신의 장점과 단점은 무엇입니까?

📍 장점

책임감과 인내심

저의 장점은 강한 책임감과 인내심입니다. 저는 고등학교 3학년 때 반장을 했던 경험이 있습니다. 당시에는 다들 공부하느라 힘들었지만 반장이라는 책임감으로 반을 잘 이끌기 위해서 항상 솔선수범하였습니다. 또한 청소나 학급회의를 진행하고 급우들 간의 사이를 돈독하게 하려고 노력했습니다. 또한 왕따 없는 반을 만들기 위해서 친구들과 지속적인 이야기를 하는 등 많은 노력을 했습니다. 비록 제가 반장을 맡은 일년 동안 청소도 많이 했고 잠도 많이 못 잤지만, 저의 성격적인 장점 때문에 반을 잘 이끌어 갈 수 있었고 좋은 추억을 만들 수 있었습니다.

활달하고 사교적인 성격

저의 장점은 활달하고 사교적인 성격입니다. 저는 처음 본 사람과도 스스럼없이 이야기를 나누며 잘 지냅니다. 그 이유는 제가 식구가 많은 가정에서 자랐고 또한 여러 가지 서비스 아르바이트를 통해서 사람들과 잘 어울리는 법과 마음을 여는 방법을 자연스럽게 터득한 것 같습니다. 만약 제가 호텔리어가 된다면, 이러한 활달하고 사교적인 성격이 큰 도움이 될 것이라고 자부합니다.

이야기를 잘 들어주고 호응을 잘 해줌

저는 주변에 친구들이 많은 편입니다. 그 이유는 아마도 제가 상대방의 이야기를 잘 들어주고 호응을 잘 해주어서 그런 것 같습니다. 저는 일단 친구들이 고민이 있으면 들어줍니다. 왜냐하면 사람들은 문제에 대해서 해결책을 원하는 것이 아니라 고민을 들어주는 것만으로도 마음의 짐을 덜기 때문입니다. 제가 만약 제가 호텔리어가 된다면, 저의 장점으로 불만이 있는 손님을 잘 다룰 수 있다고 확신합니다.

📍 단점

이름을 잘 기억하지 못함

저의 단점은 사람들의 이름을 잘 기억하지 못하는 점입니다. 하지만 서비스인으로서 고객의 이름을 외우고 불러주는 것은 매우 중요하다고 생각합니다. 그래서 지금은 항상 메모 하는 것을 습관화하려고 노력하고 있습니다.

결정에 우유부단함

저의 단점은 어떤 일에 관해서 결정을 내릴 때 우유부단한 면이 있다는 점입니다. 따라서 남들보다 시간이 오래 걸립니다. 하지만 이러한 점은 팀으로 일할 때 팀에 부정적인 영향을 줄 수 있다고 생각합니다. 따라서 결정에 시간이 걸릴 것 같으면 되도록 부모님이나 선배들에게 조언을 얻어 좀 더 신속한 결정을 내리려고 노력하고 있습니다. 실제로 요즘은 저의 단점이 많이 고쳐져서 친구들이 칭찬해 주곤 합니다.

직설적인 표현

저는 종종 친구들에게 표현이 직설적이라는 말을 듣곤 합니다. 그 이유는 제가 말을 할 때 거짓을 담지 않고 사실만을 이야기해서인 것 같습니다. 그렇기 때문에 종종 친구들이 실제적인 조언을 얻기 위해 저를 찾아오곤 합니다. 하지만 의도하지 않게 상처를 받는 친구들이 있기도 합니다. 따라서 이 부분을 고치려고 현재는 말을 예쁘게 포장하고 또한 돌려서 말하는 연습을 하고 있습니다.

My
Answer

장점과 단점을 이야기할 때에는, 본인이 가지고 있는 장점은 알기 쉬운 예제를 들어 2개 이상 나열하고 또한 단점은 이야기하되 꼭 그 단점을 어떠한 방법으로 고쳐가고 있는지를 설명하는 것이 매우 중요합니다.

단점을 언급할 때는 영어 면접 부분에서 단점을 언급했듯이 지원하는 분
야가 서비스직인 만큼 부끄러움을 잘 탄다거나 하는 점 등을 배제함으로
써 서비스직에서 진짜 단점이 될 만한 사항들은 피하는 것이 좋습니다.

3) 취미나 쉬는 날 어떻게 시간을 보내나요?

📍 연극과 영화 관람

저는 주로 쉬는 날에 연극이나 영화를 관람합니다. 특히 저는 배
우들을 가까이에서 볼 수 있는 연극을 좋아합니다. 최근에 "당신이
주인공"이라는 연극을 관람하였는데 관객들 중 몇 명이 직접 참여하
는 연극이었습니다. 그런데 그중 저는 "껌"의 역할을 맡아서 열연을
하였습니다. 면접관님도 꼭 한번 관람하시길 추천 드립니다.

📍 등산

저는 주말에 주로 등산을 갑니다. 등산을 하면 몸도 마음도 상쾌
해집니다. 산을 오를 때는 지치고 힘들지만 올라가서 먹는 간식과
풍경을 만끽한 뒤에 내려오는 산의 풍경은 한 주 동안 받았던 모든
스트레스를 해소하게 만들어 줍니다.

📍 요리, 칵테일 만들기

저의 취미는 요리와 칵테일 만들기입니다. 저는 주로 집에 있는
재료로 창의적인 요리를 하는 것을 좋아합니다. 또한 이번 여름에
조주사자격증을 취득하였으며 가끔씩 친구들이나 가족들에게 멋진
칵테일을 선사하곤 합니다. 이러한 취미를 통해서 가족들이나 친구

들과의 사이가 점점 돈독해짐을 느낍니다.

My
Answer

취미나 여가시간을 보내는 방법에서 그 지원자의 성격이나 취향을 알 수 있습니다. 따라서 정해진 취미가 아니라 여러 가지의 다양한 취미나 여가를 보내는 방법을 이야기함으로써 면접관과의 교감이나 흥미를 얻을 수 있는 취미나 여가생활이라면 더할 나위 없이 좋을 것입니다.

4) 가족이나 친한 친구를 소개해 보세요.

📍 가족소개 1

저희 가족은 4명입니다. 부모님, 오빠 그리고 저입니다. 저희 가족의 즐거움은 주말마다 모여서 근처 대형 마트로 장을 보러 가는 것입니다. 가족끼리 재료를 사서 맛있는 저녁을 해 먹는데 어머니와 오빠의 요리솜씨가 너무 좋으십니다. 아버지께서는 식사 후 설거지도 해 주시는 자상한 분이시며 저는 후식으로 먹을 과일을 깎는 막내딸 입니다. 저희 가족은 이러한 소소한 즐거움을 즐길 줄 아는 가족입니다.

📍 가족소개 2

저희 가족 구성원은 모두 7명입니다. 조부모님, 부모님 그리고 언니와 남동생 그리고 저입니다. 조부모님과 함께 오래 살아왔기 때문에 어른들을 공경하는 마음을 자연스럽게 배우게 되었습니다. 또한 가족이 많은 탓에 항상 배려하는 마음을 가지게 되었습니다. 언니와 남동생들도 항상 친구처럼 조언을 아끼지 않으며 서로 배려합니다. 늘 사랑하는 마음으로 지내고 있습니다.

📍 친구소개

저의 가장 친한 친구는 "백일홍"이라고 합니다. 얼굴도 이름처럼 참 예쁜 친구입니다. 그 친구는 명랑한 성격과 따뜻함으로 때로는 언니 같은 친구입니다. 이 친구가 책을 읽는 것을 좋아해서 항상 저에게 책을 추천해 주고 있습니다. 이번에는 혜민스님의 "멈추면 비로소 보이는 것들"이라는 책을 추천해 주어서 매우 감명 깊게 읽고 있습니다.

My Answer

5) 학창시절 가장 기억에 남는 일이 무엇이었나요?

📍 친구들과 여행

저는 고등학교 때 친구들과 기차로 남해안을 여행했던 기억이 제일 남습니다. 저는 해외로 여행하는 것만이 정말로 멋질 것이라고 생각했습니다. 하지만 우리나라에도 멋진 여행지가 많다는 것을 그제야 알았습니다. 남해의 외도, 거제도와 그곳의 음식과 문화가 아직도 제 기억 속에 많이 남아 있습니다. 좋은 친구들과의 여행은 어디라도 행복한 것 같습니다.

📍 동아리 활동

저는 학창시절 "발명부" 활동을 했었습니다. 선배들과 후배들과 모여 자신들이 발명한 물건을 보여주고 만드는 과정이 너무나도 즐거웠습니다. 또한 팀으로 하는 활동이어서 항상 팀원 간의 조화가 매우 필요했던 활동이었습니다. 지금까지도 "발명부" 선후배들과 가끔씩 모여 학창시절 이야기를 하며 좋은 관계를 유지하고 있습니다.

교환학생

저는 저희 학교와 자매학교였던 일본에 있는 학교에서 한 학기 동안 교환학생으로 다녀왔습니다. 언어도 배우고 외국인 친구들을 사귀며 교류할 수 있었던 정말 좋은 기회였습니다. 지금은 일본에서의 교환학생 경험으로 일본어와 영어 모두 유창하게 말할 수 있게 되었으며 국제적인 감각도 가지게 되었습니다. 그렇기 때문에 일본에서 교환학생을 했던 것이 가장 기억이 남습니다.

 My
Answer

TIP 이 질문은 지원자가 학창시절에 얼마나 성실하게 임했는지를 알 수 있는 질문입니다. 친구들과의 여행, 동아리 활동, 교환학생, 수상경력 그리고 봉사활동 등 본인이 경험했던 이야기를 잘 풀어내어 적극적이고 성실한 지원자라는 인상을 남기도록 하는 것이 중요합니다.

6) 서비스 관련 경험이 있나요? 있다면 어떤 것이었고 무엇을 배웠나요?

 연회장 아르바이트

저는 전문적인 호텔리어가 되고 싶어서 주말마다 연회장에서 서빙하는 아르바이트를 하고 있습니다. 비록 아르바이트이지만 항상 호텔의 일원이라는 생각으로 책임감을 가지고 다른 직원분들과 팀을 이루어 성실히 일하고 있습니다. 저는 연회장에서 서버로 일하면서 고객을 대하는 서비스 마인드와 팀으로 일하면서 배려심 등 많은 것들을 배웠습니다. 앞으로 제가 호텔에서 일한다면 이곳에서 배운 경험을 잘 살려서 실제 현장에서도 잘 할 수 있을 것이라고 생각합니다.

◉ 바리스타 경력

저는 커피를 참 좋아합니다. 그래서 커피숍에서 바리스타로 일을 하게 되었습니다. 처음에는 모든 것이 서툴고 뜨거운 스팀에 손도 데고 실수도 많이 했지만 점점 익숙해지면서 깊은 커피의 맛도 알게 되었고 손님들의 성향도 파악할 수 있게 되었습니다. 비록 한 잔의 커피이지만 손님들이 선호하는 성향이 각각 다르다는 것을 알게 되었고 그 작은 성향을 만족시켜 드리는 것이 좋은 서비스라는 것을 배울 수 있었습니다.

◉ 판매사원

저는 대형 마트에서 판매를 한 경험이 있습니다. 추석과 설날에는 선물세트와 와인과 커피 판매를 주로 담당하였습니다. 이러한 판매를 하면서 손님들의 취향에 맞는 선물을 골라드리고 상대하면서 어떻게 사람들을 다루는지 그리고 사람마다 어떠한 성향을 가지고 있는지를 잘 알게 되었습니다. 이전에는 조금 수줍은 여학생이었지만 지금은 판매경험을 통해서 자신감 있고 성숙한 성인이 되었습니다.

서비스에 관련된 일을 통해서 본인이 전문적이고 자신감 있게 사람들을 다룰 줄 아는 사람이라는 것을 면접관들에게 한 번 더 각인시키고 본인의 적성과 이 분야에 잘 맞는 사람이라는 것을 잘 표현하는 것이 좋습니다.

7) 서비스란 무엇이라고 생각합니까?
호텔의 서비스란 무엇이라고 생각합니까?

 상대방의 마음을 읽는 것

제가 생각하는 서비스는 상대방이 무엇을 원하는지 상대방의 마음을 잘 헤아릴 수 있는 센스라고 생각합니다. 그런 센스를 발휘하기 위해서는 항상 손님이 무엇을 원하는지 잘 관찰하고 이야기를 잘 들어주는 태도가 매우 중요하다고 생각합니다. 제가 만약에 호텔에서 일하게 된다면 항상 손님을 주시하고 무엇이 필요한지, 불편한 사항은 없는지 지속적으로 체크하며 상대방의 마음을 잘 헤아리는 센스를 갖도록 노력하겠습니다.

📍 내가 대우받고 싶은 만큼 대우하는 것

제가 생각하는 호텔의 서비스란 내가 대우받고 싶은 만큼 손님을 대우해 드리는 것이라고 생각합니다. 사람들은 누구나 어디에서나 대우받고 싶어합니다. 특히나 호텔이라는 특별한 장소에서는 더욱 더 그러합니다. 그렇기 때문에 항상 제가 손님이 되었을 때를 생각하며 내가 대우받고 싶은 만큼 챙겨드리는 세심한 서비스가 호텔의 서비스라고 생각합니다.

📍 손님이 다시 찾아오게 만드는 것

저는 서비스에서의 최고의 결과물은 손님이 서비스에 감동해서 다시 찾아오는 것이라고 생각합니다. 하지만 그런 과정이 결코 쉽지 않다는 것을 알고 있습니다. 하지만 손님이 무거워 보이는 짐을 들고 가실 때 도와드리거나 이름을 기억해주거나 이동하실 때 택시를 불러드리는 등의 작지만 섬세한 서비스를 제공한다면 분명 손님들은 다시금 찾아올 것이라고 생각합니다.

My
Answer

본인이 생각하는 서비스의 가치관에 대해서 면접관이 지원자를 알아 볼 수 있는 질문입니다. 서비스에 관련해서 생각하고 있는 가치관이나 경험 등을 잘 이야기해서 본인이 서비스에 적합한 지원자임을 확실히 보여주는 것이 중요합니다.

8) 왜 호텔리어가 되고 싶습니까?

📍 전문적인 서비스인이 되고 싶음

하늘의 꽃이 항공 승무원이라면 호텔리어는 지상에서 최고의 서비스를 제공하는 직업이라고 생각합니다. 저의 적성은 사람을 대하고 도와주는 업무가 매우 맞기 때문에 그에 맞는 최고의 서비스분야인 호텔에 지원하게 되었습니다. 또한 만약 제가 호텔리어가 된다면 지금의 모습보다 훨씬 더 성장하고 또한 전문적인 서비스인의 모습이 될 것이라고 믿고 있습니다. 호텔에서 멋진 매너와 태도를 익혀서 전문적인 서비스인이 되고 싶습니다.

📍 업무환경이 자유로움

저는 프런트 업무를 지원하게 되었습니다. 그 이유는 이 업무가 시간과 장소가 항상 자유롭다는 점입니다. 정해진 시간에 출퇴근하는 업무가 답답한 저로서는 최고의 직업이라고 생각합니다. 다양한 시간에 다양한 사람들을 만나면서 교류하고 배워간다는 것은 정말 멋진 일인 것 같습니다. 출퇴근 시간의 제약 없이 자유롭게 일하면서 사람들을 대하는 직업이 저에게는 늘 즐겁고 배울 것이 많을 것 같아 지원하게 되었습니다.

📍 멋진 사람들을 만날 수 있는 장소

실제 호텔에서는 많은 것들이 이루어지고 있습니다. 숙박과 식사 뿐만 아니라 컨벤션이나 웨딩 등 국내외 귀빈들과 유명인사들을 만날 기회가 많은 장소입니다. 그렇기 때문에 제가 만약 호텔리어가 된다면 이러한 분들을 접대할 수 있는 좋은 기회가 많아 배울 점이 많을 것임이 확실합니다. 또한 넓은 식견과 지혜로움을 배울 수 있는 장점도 있습니다. 여기에 국제적 감각과 매너 등을 익혀 제 스스로가 발전하고 성장할 수 있는 좋은 기회일 것이라고 생각하여 호텔리어에 지원했습니다.

My
Answer

지원동기는 추상적이지 않고 현실적으로 대답하는 것이 좋습니다. 단지 멋져 보여서 좋아 보여서 지원한다는 추상적이고 책임감 없는 답변보다는 내가 어떤 점을 배울 수 있고 또한 동반성장이 가능할 것 같다는 현실적이고 성실한 분위기의 답변이 면접관의 이목을 집중시킬 수 있는 훌륭한 답변이 될 것입니다.

9) 우리 호텔의 레스토랑 이름과 객실 수 등을 알고 있습니까?

♀ 쉐라톤 서울 디큐브시티 호텔

쉐라톤 서울 디큐브시티 호텔의 "피스트(feast)" 레스토랑은 총 138석이며 파스타, 그릴, 해산물 스테이션 등 다양한 뷔페 메뉴뿐만 아니라 일품 메뉴들이 있습니다. 또한 폭넓은 선택이 가능한 와인 셀러와 WOW(World of Wine) 메뉴의 와인을 즐길 수 있는 것이 특징이라고 생각합니다. 이를 통해 고객들은 쉐라톤만의 따뜻함을 경험할 수 있을 것이라고 생각합니다.

♀ 하얏트 리젠시 인천

하얏트 리젠시 인천의 레스토랑명은 "레스토랑8"입니다. 이 의미는 한 장소에서 서로 다른 동서양의 요리를 맛볼 수 있다는 의미입니다. 따라서 8가지 콘셉트의 다양한 요리를 경험하고 즐거움을 느낄 수 있는 것이 특징입니다. 다른 호텔과는 새로운 시도와 콘셉트, 그리고 오픈 쇼 키친(Open Show Kitchen)을 통해 다이내믹한 경험을 할 수 있습니다. 따라서 손님들이 즐길 수 있는 거리가 풍부한 곳이라고 생각합니다.

♀ 인터컨티넨탈 서울 코엑스

인터컨티넨탈 서울 코엑스의 레스토랑은 뷔페식인 "그랑카페", 프렌치 레스토랑인 "테이블34", 지중해식 콘셉트인 "마르코폴로", 스카이라운지 그리고 아시아스타일 "아시안라이브"가 있습니다. 650

개의 객실 수와 함께 연회장과 비즈니스센터 등 손님들이 비즈니스와 휴식을 모두 즐길 수 있도록 하고 있습니다.

My Answer

호텔의 객실 수와 레스토랑 이름을 숙지하고 면접에 임하는 것은 매우 중요합니다. 그만큼 회사 정보에 관해 준비가 된 지원자라는 인상을 줄 수 있기 때문입니다. 면접 전 회사의 정보를 관심 있게 알아보는 것이 매우 중요합니다. 객실 수와 레스토랑의 이름은 변경이 있을 수 있으니 홈페이지에서 늘 확인해야 합니다.

10) 입사 후 포부를 말씀해 주세요.

📍 제일 친절한 사원이 되는 것

입사 후 저의 포부는 이 호텔에서 "제일 친절한 사원"이 되는 것입니다. 저는 저의 최대 장점인 잘 웃는 점을 이용해서 손님이나 동료들에게 따뜻하게 먼저 다가가 "제일 친절한 사원"으로 알려지고 싶습니다. 그래서 저의 가능성을 보고 뽑아주신 면접관님께 절대로 실망시켜 드리지 않고 일하는 성실한 호텔리어가 되도록 노력하겠습니다.

📍 지배인이 되는 것

저의 장기적인 목표는 제가 지원하는 식음료부서의 지배인이 되는 것입니다. 지금은 아직 시작하는 단계에 있지만 목표를 향해서 한발 한발 나아간다면 분명 지배인의 목표를 이룰 것이라고 믿습니다. 앞으로 호텔에 입사해서 직무에 도움이 되는 조주사자격증이나 와인공부 등을 게을리하지 않고 선후배 관계도 서로 존중할 줄 아는 사원이 되겠습니다.

📍 좋은 선후배와의 인맥을 쌓는 것

저는 좋은 곳에서 좋은 분들과 좋은 인연을 맺는 것에 노력하겠습니다. 업무적인 부분에서 성장하는 것도 중요하지만 엄격한 호텔의 선후배 관계를 잘 쌓는 것도 중요하다고 생각합니다. 사내 동호회나 모임에 잘 참여해서 즐거운 회사생활을 하면서 친목을 도모하고 싶습니다.

My
Answer

앞으로의 포부는 면접관이 지원자가 회사에 입사 후 어떤 식으로 지내게 될 지에 대한 방법을 알아볼 수 있는 질문입니다. 되도록이면 회사에 관해서 건설적이고 공헌적인 내용으로 생각해 보며 본인이 어떤 식으로 도움이 될 것인지에 대해서 생각해 보는 것이 좋습니다.

3. 빈출도 높은 한국어 면접 기출문제

현재까지 한국어 면접에서 자주 기출되었던 질문입니다. 잘 숙지하시고 실제 면접 때에도 긴장하지 말고 연습 때만큼 본인의 실력을 보여주면 됩니다.

 개인이력에 관한 사항

- 자기소개를 해 주세요.
- 사회경험이나 아르바이트 경험에 관해서 말씀해 주세요.
- (학점이 낮은 지원자에게) 학점이 안 좋은데 그 이유는 무엇인가요?
- (Toeic점수가 낮은 지원자에게) 토익 점수가 왜 이렇게 낮은가요?
- (졸업이 늦은 지원자에게) 졸업이 늦어진 이유가 무엇인가요?
- 현재 연락되는 외국인 친구가 있나요?
- 자격증이 없는데 그 이유는 무엇인가요?
- 자신의 해외경험에 대해서 말씀해 주세요.
- (고시 경험이 있다면) 고시경험에 대해서 말씀해 주시겠습니까?
  그만둔 이유는 무엇입니까?
- 인턴 경험에 대해서 말씀해 주시겠습니까?
- 공부 이외에 열심히 한 활동은 무엇입니까?
- 영어로 자기소개를 해 보세요.
- (편입이나 전과를 했다면) 편입이나 전과를 한 이유는 무엇입니까?
- 본인의 출신학과에 대한 설명을 해 주세요.

인성, 기본에 관한 사항

- 다른 회사에 지원한 적이 있나요? 있다면 어느 회사를 지원하셨나요?
- 우리 호텔에 지원한 이유는 무엇입니까?
- 우리 회사의 장단점은 무엇이라고 생각하십니까?
- 우리 회사에 대해서 아는 대로 말씀해 주세요.
- 당사가 개선해야 할 점은 무엇인가요?
- 아버지 혹은 어머니 소개를 해 보세요.
- 성격의 장점과 단점을 이야기해 주세요.
- 자신의 특기를 말씀해 주세요.
- 존경하는 인물이나 롤 모델을 말씀해 주세요.
- 좋아하는 운동은 무엇입니까?
- 자신의 성공 경험담을 이야기해 주세요.
- 본인의 대인관계에 대해서 말씀해 주세요.
- 성장과정을 말씀해 주세요.
- 우리 회사에서 당신을 채용해야 하는 이유가 무엇입니까?
- 지방근무가 가능합니까?
- 본인이 가능한 외국어는 무엇입니까? 외국어는 어떻게 공부했나요?
- 면접관에게 궁금한 것이 있으면 질문해 보세요.
- 동아리 활동을 말해 주세요.
- 입사 가능한 일자는 언제입니까?
- 입사 후 포부를 말씀해 주세요.
- 자신의 성격이 호텔에서 일하는 데 적합한지 말씀해 주세요.
- 자사 호텔을 이용해 본 경험이 있습니까?
  있다면 불편했던 점에 관해서 말씀해 주세요.
- 우리 호텔의 레스토랑과 이름을 알고 있습니까?
- 우리 호텔의 객실 수를 알고 있습니까?
- 우리 호텔에 입사하기 위해 어떻게 준비했습니까?
- 한국사회에서 여성의 직장생활이 아직은 어려움이 많습니다.
  어떻게 대처하실 것인가요?
- 결혼을 한다면 가정과 직장 중 어느 것이 더 중요하다고 생각하십니까?

직무질문에 관한 사항

- 해당 직무를 하려는 이유는 무엇입니까? / 지원동기가 무엇입니까?
- 입사하면 무슨 일을 하고 싶습니까?
- 지원한 분야에서 어떤 일을 하는지 알고 있습니까?
- 지원분야를 위해서 어떤 준비를 했습니까?
- 서비스란 무엇이라고 생각하십니까? 호텔에서의 서비스란 무엇입니까?
- 자신이 서비스업에 대한 어떠한 자질을 가지고 있는지 말씀해 주세요.
- 자신의 직무경험을 말씀해 주세요.
- 지원분야를 위해 어떤 준비를 했습니까?
- 매출확대를 위한 당신의 전략을 말씀해 주세요.
- 지원하지 않은 다른 부서에서 일을 해도 괜찮은가요?
- (식음료부 지원의 경우)

  호텔 경력이 없는데, 식음료부는 체력적으로 매우 힘듭니다. 잘 할 수 있나요?
- (다른 호텔에서 경험이 있다면)

  다른 호텔에서 일한 경력이 있는데 왜 우리 호텔에 지원했나요?
- 호텔에서 경영이란 무엇을 뜻하는지 말씀해 주세요.

제6장

호텔리어다운
이미지 만들기

제6장
호텔리어다운
이미지 만들기

　이전 장에서 호텔리어가 될 수 있는 자질이나 면접에서의 모의질문과 답변들을 준비했다면, 이 장에서는 호텔리어다운 이미지를 만들기 위해 노력할 때 도움이 될 수 있는 정보들을 모았습니다. 지원자가 아무리 서류를 정성껏 준비하여 준비된 면접에 모든 답변을 잘 대답했더라도 면접관과의 교감 또는 호텔리어다운 자세와 태도 그리고 마음가짐 등이 잘 안되어 있다면 면접에서 좋은 결과를 얻어내기 힘든 부분이기도 합니다. 이 장을 잘 숙지하여 실제 면접에서 좋은 결과를 이루어 내도록 합시다.

1. 호텔리어의 이미지 메이킹을 하자
2. 면접관의 고개를 단번에 들게 하는 목소리를 만들자
3. 지원하는 호텔에 대해 꼼꼼한 분석을 하자
4. 지원자의 최종 점검하기

1. 호텔리어의 이미지 메이킹을 하자

호텔산업은 서비스산업의 최고봉이라고 하며 또한 아이콘(Icon)이라고도 칭합니다. 자신이 특급호텔의 로비에 입장했다고 가정해볼까요? 잘 정리되고 고급스러운 로비, 고객 한 사람 한 사람에게 미소로 인사하며 눈을 맞추는 호텔리어들! 이렇듯 호텔은 시각적인 부분을 매우 중요하게 생각합니다. 또한 그중에서 특급호텔들은 시설과 설비 부분을 타 건물과 호텔에 비해서 매우 우아하고 고급스럽게 시공하여 그것을 매출과 직접적으로 연관시킵니다. 우아하고 고급스러운 분위기 때문에 대부분의 사람들이 높은 가격을 지불하고도 특급호텔을 찾는 이유이기도 합니다.

이렇게 분위기와 이미지를 중요하게 생각하는 호텔에서 직원들 또한 용모가 단정한 직원을 모집하는 것은 당연합니다. 직원의 이미지가 호텔의 이미지에도 많은 영향을 미치고 있기 때문입니다. 하지만 우리가 말하는 이미지는 연예인같이 화려하고 멋진 외모를 말하는 것이 아닙니다. 호텔에서 말하는 이미지는 고객을 대할 때의 표정관리, 말투, 습관, 몸짓, 마음가짐 그리고 서비스 마인드 등을 통칭하는 것입니다. 하지만 본인이 그러한 자질이 남들보다 부족하다고 해서 낙담할 일은 아닙니다. 이러한 호텔리어의 이미지는 "이미지 메이킹"의 노력으로 만들어질 수 있는 부분이기에 꾸준한 노력한다면 노력을 한 만큼의 시간에 비례하여 이루어질 수 있습니다.

앞서 제2장의 〈호텔리어의 합격의 비밀 5G〉를 기억하고 계시죠? 긍정적인 태도, 인사를 잘 하며 외양적인 부분을 깔끔하게 유지하고 의사소통이 원활하도록 노력하되 상대방의 의견을 먼저 들어주는 그러한 태도들이 호텔리어가 되기 위한 "이미지 메이킹"의 거의 모든 것이라고 해도 과언이 아닐 것입니다.

그중 여러분이 지금 당장 실천해 볼 수 있는 부분의 팁을 드리자면, 입꼬리를 활짝 올리고 어깨를 쫙 펴고 당당하게 걷는 연습을 해보는 것입니다. 환한 미소와 당당한 자세야 말로 좋은 첫인상을 줄 수 있는 가장 강력한 무기입니다.

2. 면접관의 고개를 단번에 들게 하는 목소리를 만들자

호텔리어에게 호감 가는 목소리란 외양적인 이미지 이외에도 무척이나 중요한 요소입니다. 이것은 보여지는 시각적 이미지와 귀로 느껴지는 청각적 이미지가 사람을 매일 대하는 서비스 업종에 있어서는 매우 중요한 요소이기 때문입니다.

평소에 말이나 목소리가 밋밋하고 너무 차분하다는 평을 받는 사람이나 또는 본인이 노력을 하는데도 성의 없이 말한다는 평을 받거나 혹은 목소리 자체가 너무 아기 같다는 말을 주변에서 많이 들었다면, 지금부터 본인의 목소리를 노력해서 좀 더 전문적인 느낌의 목소리로 바꾸려는 노력이 필요합니다.

사실 말이라는 것은 "아" 다르고 "어" 다릅니다. 평소에 말하는 습관부터 고치는 것이 중요합니다. 우리는 서비스인으로 일하기를 원하고 있습니다. 그렇기 때문에 평소에 대화하는 말투도 매일 "면접을 본다" 또는 "나는 전문적인 호텔리어다"라는 생각으로 친절하고 공손하게 말하는 노력이 필요합니다. 예를 들어, 누군가가 나에게 나도 모르는 질문을 했다고 가정해 봅시다. 이럴 때는 "저도 잘 몰라요" 혹은 "저 말고 다른 사람에게 물어보세요"보다는, "저도 잘 모르지만 최선을 다해서 알려드리겠습니다" 혹은 "죄송하지만 저도 잘 모르지만 함께 찾아 드리겠습니다"라는 대답이 더 따뜻하고 친절하게 들리는 것은 부정할 수 없는 사실입니다. 그렇기 때문에 본인의 말투가 항상 상대방에게 어떻게 비춰질지를 생각하며 말을 하도록 노력해야 합니다.

또한 본인의 목소리가 어떤지에 대해 자신 스스로도 모르는 사람들이 많습니다. 따라서 내가 말하는 것을 녹음을 해서 말투나 발음이 부족한 부분이 있다면 교정하려는 노력이 매우 필요할 것입니다. 이러한 "면접관의 고개를 단번에 들게 하는 목소리를 만들기"의 노력을 꾸준히 하여 시각적인 이미지뿐만 아니라 청각적인 이미지도 멋지게 가꾸기를 바랍니다.

3. 지원하는 호텔에 대해 꼼꼼한 분석을 하자

지원하는 호텔에 대한 꼼꼼한 분석은 본인이 어떤 식으로 면접을 준비해야 하는지에 대한 기준을 제시하는 좋은 잣대입니다. 그 이유는 회사마다 선호하는 인재상과 이미지가 틀리기 때문에 호텔에 지원하기 전에 지원하는 호텔의 정보를 꼼꼼하게 수집하는 것이 매우 중요합니다.

이 책 제2장의 〈2. 전국 호텔정보와 채용절차 알아보기〉에서 회사에 관한 정보가 나와 있으니 참고하시고 또한 관심을 두고 있는 호텔의 웹사이트를 실제로 방문해서 업데이트되어 있는 정보나 뉴스를 검색해서 지원하기 전에 정보를 미리 숙지하고 면접을 보는 것이 매우 중요합니다.

4. 지원자의 최종 점검하기

📍 여성지원자의 마지막 어피어런스 체크

- **면접의상:** 면접의상은 단정한 이미지를 주기 위해서 정장을 입으며, 보수적이고 항상 사람을 대하는 호텔에서는 주로 튀어 보이는 색은 피하도록 주의합니다. 또한 스타킹을 항상 착용하도록 하되, 검정색이나 레깅스는 피합니다. 구두는 5~7cm 정도의 높이가 적당하며, 너무 높은 굽이나 앞이 트인 구두 혹은 샌들은 피하도록 합니다.

- **면접화장:** 면접화장은 되도록 본인의 피부 톤에 맞게 합니다. 너무 진한 화장은 피하고, 립스틱과 아이라이너를 또렷하게 그려주어 전문적인 느낌을 주도록 합니다. 귀걸이는 귀에 딱 붙는 종류로 선택하여 튀지 않도록 합니다. 머리는 단정하게 묶어 잔머리를 젤이나 스프레이로 고정시켜 깔끔한 이미지를 주도록 합니다. 항상 웃는 미소를 잃지 않는 것도 중요합니다.

📍 남성지원자의 마지막 어피어런스 체크

- **면접복장:** 면접복장은 남자도 물론 단정하게 보이는 정장을 착용합니다. 넥타이 색깔은 너무 튀지 않는 색으로 정하여 단정한 이미지를 주도록 하며, 구두는 유행에 민감하지 않은 디자인으로 깨끗한지 체크합니다. 앉아서 면접을 볼 때는 자켓의 아랫부분 단추를 하나 풀고 면접에 임합니다.

- **면접헤어:** 머리에는 너무 과한 젤이나 스프레이의 사용을 삼가며 머리가 너무 길지도 짧지도 않게 적당한 길이로 좋은 인상을 주는 것이 중요합니다. 그리고 염색은 되도록 자제하는 것이 좋습니다.

제 7 장

선배들이 들려주는
호텔의 모든 것

1. 전직, 현직 호텔리어가 말해주는 호텔의 모든 것

2. 저도 호텔리어가 될 수 있을까요?

제7장
선배들이 들려주는
호텔의 모든 것

우리가 상상해오던 이 직업은 어떤 것이 사실이고 어떤 것이 왜곡된 것일까? 항상 가지고 있던 궁금증을 전직, 현직 선배들로부터 들어보는 부분입니다. 선배들이 들려주는 소소한 하지만 핵심적인, 우리가 알고 깊이 되새겨야 할 이야기들을 잘 들어보는 것이 호텔을 지원할 때 많은 도움이 될 수 있기 때문에 선배들의 이야기를 잘 들으면서 내 스스로의 방향을 잡아간다면 큰 도움이 될 것입니다.

1. 전직, 현직 호텔리어가 말해주는 호텔의 모든 것

- "호텔리어의 경험으로 전문적인 서비스인이 되었습니다"

_UAE 아부다비 I호텔 1년차 전직 C

- "엄친아? 엄친딸? 무엇보다 겸손한 태도죠!"

_R호텔 4년차 현직 K

- "멀티플레이어, 바로 접니다!"

_N호텔 3년차 현직 Y

- "국제 감각과 유머 감각 있는 사람과 함께 일하고 싶습니다"

_S호텔 13년차 현직 J

- "나이는 숫자에 불과합니다"

_싱가포르 M호텔 2년차 현직 K

- "빠른 결정력이 빠른 승진을 불러 왔습니다"

_H호텔 6년차 현직 J

2. 저도 호텔리어가 될 수 있을까요?

📍 선배들의 조언

고민 1. 영어를 잘 못하는데 호텔리어가 될 수 있을까요?

고민 2. 서비스 경험이 없는데 합격할 수 있을까요?

고민 3. 30대인데 가능할까요?

고민 4. 엄격한 선후배 관계가 힘들어요.

1. 전직, 현직 호텔리어가 말해주는 호텔의 모든 것

 "호텔리어의 경험으로 전문적인 서비스인이 되었습니다"

저는 아랍에미리트의 아부다비에 있는 I호텔의 식음료(F&B)부서에서 약 1년간 근무하였습니다. 이렇게 멀리 타국 아랍까지 온 이유는 해외에서 자유롭게 일하면서 외국생활을 만끽하며 호텔 일을 하고 싶어서였습니다. 어학연수는 다녀왔지만 모든 교육이 영어로 진행되는 이곳에서 버티려면, 다른 직원들보다 많은 시간을 교육 때 이해하지 못한 부분에 투자하며 영어공부도 더 열심히 하는 방법밖에는 없었습니다. 그렇게 1년을 일을 겸해서 하다 보니 자연스럽게 서비스 마인드와 영어가 점점 느는 것을 느낄 수 있었습니다. 또한 한국에서 심하다는 선후배 관계가 외국에서는 없었기 때문에 자유로운 분위기에서 일할 수 있었습니다.

이후 호텔 입사 1년이 지난 뒤, 아랍에미리트에 있는 모 항공사의 공개 채용에 지원해서 합격하는 영광을 누리게 되었습니다. 그 항공사의 면접관들은 제가 호텔 식음료부에서 일한 것에 많은 점수를 주었는데 아마도, 호텔에서 일하면서 배우게 된 서비스 마인드와 매너를 보고 저에게 높은 점수를 준 것 같습니다. 이후 비행을 하면서도 호텔에서 배운 서비스와 태도가 많은 도움이 되어 남들보다 빠른 승진을 하게 되었습니다. 무엇보다도 서비스의 아이콘은 호텔이라고 자부합니다.

저처럼 외국생활을 하고 싶으신 지원자가 있다면 외국에 있는 호텔이나 혹은 국내에 있는 외국계 체인 호텔에서 일하면서 이후 해외로 파견 가는 방법 또한 추천 드립니다. 기회는 언제 올지 모릅니다. 항상 시야를 넓게 보시고 최대한 많은 경력을 쌓기를 바랍니다.

_UAE 아부다비 I호텔 1년차 전직 C

"엄친아? 엄친딸? 무엇보다 겸손한 태도죠!"

4년전 제가 지금 근무하고 있는 호텔의 면접을 볼 때가 생각납니다. 그때 저와 함께 면접을 본 지원자 중의 한 사람이 참 인상이 깊었는데, 그 지원자에 대해서 이야기해 보자면, 먼저 외모와 외양이 훌륭했습니다. 탤런트 같은 외모와 키 그리고 멋진 양복이 인상이 깊었습니다. 또한 이야기하다 보니 출신 학교가 국내에서 손꼽히는 좋은 학교였습니다. 그야말로 엄친아!였습니다. 그에 비해서 저는 잘생긴 외모도 아니었고 학교성적도 낮았던 터라 조금 자신감이 떨어진 상태였습니다.

하지만 면접에 들어가자마자 저는 저의 합격을 예감할 수 있었습니다. 면접관님들은 저희에게 "와인을 추천해 봐라", "서울에서 유명한 장소를 추천해 봐라"라는 질문을 공통 질문으로 던져주셨고, 저는 긴장은 되었지만 최선을 다해서 웃는 모습을 잃지 않고 설명드렸습니다. 그렇지만 그 자칭 "엄친아" 지원자는 그 두 가지 질문 모두 "다른 질문 부탁 드립니다" 혹은 "잘 모르겠습니다"라는 등의 자신 없어하는 태도로 일관했습니다. 당연히 결과는 저만 합격!

저는 다른 직업군은 잘 모르지만 호텔리어가 되고 싶다면, 서비스업에 맞는 서비스 마인드적인 인재가 되라고 말씀드리고 싶습니다. 아무리 좋은 대학, 좋은 외양을 가지고 있더라도 서비스 마인드가 없다면 사실 호텔리어는 오래 일하기 힘든 직업입니다. 그것이 우리가 말하는 "적성"이라는 부분이기도 합니다. 항상 열린 마음과 겸손한 태도로 사람들을 대하며, 내가 모르는 부분도 최선을 다해서 노력하는 모습을 보인다면 분명 멋진 호텔리어가 되어 있을 것임이 분명합니다.

_R호텔 4년차 현직 K

"멀티플레이어, 바로 접니다!"

저는 29살의 나이로 다른 사람들보다 조금 늦은 나이에 입사하였습니다. 처음에는 프런트 데스크(Front desk) 부서로 지원을 했지만, 면접관님들이 제가 가진 능력이 식음료 부서에 더 맞을 것 같다고 제안하셔서 식음료 부서에 입사하게 되었습니다.

그렇게 조금 힘들었지만 고객을 대하는 서비스직에 즐거움을 느끼면서 일을 하고 있었는데, 입사 후 일년 반이 지났을 때쯤에 사무직(back office)의 재경팀에 자리가 나서 지원하여 부서 이동을 하게 되었습니다. 재경팀은 식음료 부서에서 느낄 수 없었던 또 다른 즐거움이 있습니다. 제게 호텔은 어느 부서에서 일을 하든지 매우 즐거운 곳임에는 확실합니다.

저는 지금 일하고 있는 재경팀에서 2년 이상의 경력을 쌓고 난 뒤, 프런트 데스크나 세일즈 매니저(Sales manager)의 자리가 나면 그 부서를 지원해 보고 싶습니다. 언젠가는 확실한 멀티플레이어가 되어서 호텔에서 내가 필요로 하는 곳이 있다면 도움을 줄 수 있는 그런 멋진 멀티플레이어가 되고 싶은 마음입니다.

본인이 원하는 부서에 입사하지 못했다고 하더라도 결코 좌절하지 마세요. 준비되고 일을 즐길 줄 아는 자에게 기회는 늘 다가오기 마련입니다. 그렇기 때문에 어떠한 기회가 주어지더라도 항상 성실히 임하는 자세가 앞으로 더 멋진 미래를 맞이하고 준비하는 데에 있어서 매우 중요한 요소일 것입니다.

_N호텔 3년차 현직 Y

"국제 감각과 유머 감각이 있는 사람과 함께 일하고 싶습니다"

저는 현재 호텔에서 신입사원 교육의 직무를 맡고 있으며 벌써 올해로 제가 호텔에 입사한 지가 13년차가 됩니다. 시간이 참 빠르게 느껴집니다. 제가 처음 호텔에 입사할 때가 떠오릅니다. 지금은 한류 덕분에 손님의 계층과 연령이 다양해졌는데 10여 년 전만 해도 중국인 관광객이 주를 이루어서 중국어만 잘 하고 서비스만 잘 하면 되는 시절이 있었습니다. 하지만 지금은 세계화, 한류 그리고 한국에서 다양하게 개최되는 정상회의나 포럼 때문에 제2외국어만 잘하는 호텔리어보다는 열린 마음과 사고를 가진 국제 감각과 유머 감각이 있는 호텔리어를 원하고 있는 추세입니다.

또한 한국의 가장 강력한 무기인 다른 나라에서 쉽게 찾아볼 수 없는 따뜻한 마음과 세세한 서비스 정신이 여전히 한국 호텔리어들의 서비스의 상징인 것은 여전합니다. 하지만 우리는 세계화 시대에 맞추어서 조금 더 창의적이고 다음 번에도 또 우리 호텔을 찾아올 수 있는 서비스의 그 무언가를 만들어 차별화하는 것이 매우 중요합니다. 각각 나라에 맞추어 문화를 이해하고, 유머 감각을 겸비하여 손님과 대화해도 유쾌한 분위기를 만드는 그런 호텔리어가 제가 함께 일하고 싶은 동료입니다.

저는 신입 호텔리어를 채용할 때 항상 이런 질문을 하곤 합니다. "당신은 열린 마음을 가지고 있나요? 있다면 예를 들어 설명해 주십시오." 여러분 자신에게 한 번 질문을 던져 보세요. 어떠한 사람을 만날 때 선입견을 가지지 않고 열린 마음으로 그 사람 자체를 보는지! 그렇다면 저희와 함께 일할 자격조건이 충분하십니다. 멋진 호텔리어가 되기를 바랍니다.

_S호텔 13년차 현직 J

"나이는 숫자에 불과합니다"

저는 36살의 나이에 호텔리어를 꿈꾸게 되었습니다. 하지만 대부분 어린 지원자가 많은 국내 호텔에서는 서류조차 합격되지 못하는 경우가 많았습니다. 그렇다고 해서 나이가 저의 열정을 무너뜨릴 수는 없었습니다. 해외 호텔로 눈을 돌려 열심히 구직 사이트를 찾았습니다. 그러던 중 싱가포르 호텔에서 외국인 호텔리어를 구하는 것을 알게 되어 한국 대행사를 통해서 면접을 보고 합격하여 지금은 싱가포르 라이프를 즐기며 제가 하고 싶은 일로 외국인 동료들과 특급호텔에서 즐겁게 일하고 있습니다.

영어구사에 자신이 있다면 영어를 쓰는 국가의 특급호텔로 눈을 돌리는 것이 좋다고 생각합니다. 또한 외국에 있는 호텔은 대행사를 통해서만 입사할 수 있는 것이 아니라 본인이 직접 담당부서에 메일을 보내거나 연락을 해서 지원하는 방법 등이 무궁무진하니 "원하면 두드려라!"라는 격언처럼 나이가 많아도 또는 대행사를 통하지 않더라도 적극적으로 도전하면 모두 원하는 바를 이룰 수 있습니다. 열정만 가능하시다면 나이는 전혀 문제가 되지 않는다고 생각합니다.

_싱가포르 M호텔 2년차 현직 K

"빠른 결정력이 빠른 승진을 불러왔습니다"

저는 고등학교 졸업과 동시에 연회장에서 일을 시작하게 되었습니다. 관광 고등학교에 다니면서 이미 고3때 호텔에서의 실습을 경험했고 그때 저의 적성을 알게 되었습니다. "아! 호텔 일이 내 적성이구나! 다양한 사람들을 만나고 서비스 일을 하는 것이 내가 가장 잘 즐길 수 있는 일이구나!" 하면서 말입니다. 그 이후 고등학교 졸업과 동시에 호텔에서 일을 시작했고, 호텔 일을 하면서도 학점은행제로 대학교 수업을 들으면서 일을 병행하였습니다. 몸은 비록 피곤했지만 배움의 기쁨을 누리면서 학업 또한 게을리하지 않았습니다. 저는 남들보다 일을 빨리 시작했기 때문에 어린 나이에 사원에서 주임, 주임에서 지배인으로까지 승진하게 되었습니다. 물론 일과 공부를 병행하는 것이 힘들긴 하지만 아직 젊고 어리기 때문에 못할 일은 절대 없다고 생각합니다.

저는 이러한 저만의 부지런함과 고등학교 졸업 후 빠른 취업의 결정이 빠른 승진을 불러왔다고 생각합니다. 여러분들도 본인의 의지와 성실함만 있다면 어린 나이에도 빠른 취업 혹은 빠른 승진 뭐든지 이룰 수 있습니다.

_H호텔 6년차 현직 J

2. 저도 호텔리어가 될 수 있을까요?

📍 선배들의 조언

고민 1_ 영어를 잘 못하는데 호텔리어가 될 수 있을까요?

고민 2_ 서비스 경험이 없는데 합격할 수 있을까요?

고민 3_ 30대인데 가능할까요?

고민 4_ 엄격한 선후배 관계가 힘들어요.

 고민 1_ 영어를 잘 못하는데 호텔리어가 될 수 있을까요?

안녕하세요? 저는 지금 막 대학교를 졸업한 여학생입니다. 저는 영문과 출신이고 캐나다 어학연수까지 다녀왔지만 영어가 아직까지 서툴기만 합니다. 면접을 보면 항상 영문과 출신이어서 그런지 면접관님들은 제 이력서를 보시고는 영어 면접에 기대를 항상 하시는데요, 하지만 제가 영어에 너무 주눅이 들어서 항상 면접에서 좋은 결과를 이루어 내지 못하는 것 같습니다. 하지만 저는 서비스직에 너무나도 맞는다고 생각합니다. 영어는 서툴지만 외국인과 교류하는 것이 즐겁고 호텔의 쾌적한 근무환경도 너무나도 좋습니다. 이런 저에게 조언을 해 주실 수 있으실까요?

▶ **선배들의 조언**

호텔은 장소에 따라 다르기는 하지만 주로 외국인 손님들이 많이 찾는 곳입니다. 호텔에서 제공하는 서비스는 객실, 레스토랑뿐만 아니라 컨벤션이나 웨딩 등 무궁무진합니다. 이러한 많은 서비스를 제공하는 데에 있어서 손님들께 정확한 정보를 전달해 드리기 위해서는 "의사소통"이 매우 중요한 역할을 합니다. 특히 외국인 손님을 다룰 때 있어서 외국어 중 단연 영어로서의 원활한 의사소통이 중요하다는 것은 절대 간과할 수 없는 부분입니다.

하지만 지원자에게 원어민 같은 영어실력을 원하는 것은 절대 아닙니다. 또한 호텔에서 쓰이는 영어는 반복적인 영어가 많기 때문에 대부분의 호텔리어들은 일을 하면서 많이 배우면서 늘기도 한다고 공통적으로 이야기들을 합니다. 그렇기 때문에 영어를 자유롭게 구사하지 못한다고 너무 겁을 먹지 말고 지금부터라도 차근히 기초를 다지면서 영어 면접을 연습하고 노력한다면 분명 좋은 결과를 맺을 수 있을 것이라고 확신합니다.

 고민 2_ 서비스 경험이 없는데 합격할 수 있을까요?

안녕하세요? 저는 이번에 호텔에 지원하게 된 지원자입니다. 조금 부끄럽지만 저는 서비스직의 경력이 없습니다. 하지만 사람들을 만나고 집에서 요리를 해서 가족들이나 친구들에게 주는 것을 너무나도 좋아합니다. 그렇지만 걱정이 되는 것이 제가 서비스 경험이 없는데 왜 지원하게 되었냐는 면접관님의 답변에 어떻게 답을 해야 하며 앞으로 서비스 관련 경험을 쌓는다면 저에게 어떤 일이 적합한지 듣고 싶습니다. 이런 저에게 조언을 해 주실 수 있으실까요?

▶ **선배들의 조언**
아마도 호텔에 지원하는 지원자라면 학벌이나 해외경험보다도 서비스 경력을 더 중요시하는 것은 사실입니다. 하지만 신입을 뽑는 자리에서는 경험보다도 지원자의 "가능성"을 보는 것이 사실입니다. 서비스도 적성에 맞고 지원자가 얼마나 받아들이며 얼마나 감각 있게 행동하느냐에 따라서 서비스의 질과 척도가 달라지기 때문입니다. 하지만 본인이 서비스 경험이 없다고 전혀 걱정할 것은 아닙니다. 본인이 평소에 사람을 대하는 감각을 키워 놓는다면 실제적인 서비스는 현장에서 배우면서 충분히 익힐 수 있는 것이기 때문에 크게 걱정할 일은 아닙니다. 하지만 만약 면접 시 비슷한 조건의 지원자가 있다면 선호하는 것은 아마도 서비스 경험이 있는 지원자일 것입니다.
따라서 면접 시에 왜 서비스 경력이 없는데 지원했냐는 질문을 받게 된다면 평상시에 집에서 친구들을 초대해 요리를 해 주는 것, 사람들을 만나는 것을 좋아하는 등의 서비스 제공자로서의 "가능성"에 관련해 답변을 만들고 또한 지금부터 사람을 상대하고 직접 서비스를 제공할 수 있는 서비스 관련 아르바이트나 직업을 선택하여 시작하는 것이 현명한 방법일 것입니다.

 고민 3_ 30대인데 가능할까요?

저는 올해 30대 초반의 지원자입니다. 이전에는 다른 서비스 관련 직업에 종사하였고 가이드 일을 오래 했기 때문에 영어와 일본어는 능통합니다. 그리고 손님들을 많이 상대해서 사람을 다루는 것은 자신 있습니다. 호텔에서 본격적으로 일하고 싶다는 생각은 작년부터 하고 있었습니다. 하지만 호텔에 상시 채용 면접에 이력서를 제출해도 번번이 서류통과도 되지 않고 면접을 볼 기회가 막상 생겨도 최종합격까지 잘 되지 않아 속상하기만 합니다. 결국 나이 때문일까요? 아니면 제가 아직도 부족한 탓일까요? 제가 앞으로 어떻게 준비를 하면 될까요? 이런 저에게 조언을 해 주실 수 있으실까요?

▶ **선배들의 조언**

호텔에서 나이 때문에 지원을 고민하거나 또는 그 이유 때문에 불합격했다는 지원자들을 종종 만나 왔습니다. 사실 국내에서 30대 초반 이후의 신입 호텔리어는 거의 없습니다. 있다면 경력직이 과반수일 것입니다. 사실 서비스업이고 3교대를 하는 직업이기 때문에 강한 체력을 요구하는 직업적 업무수행이 많은 것도 사실입니다.

그렇기 때문에 본인 스스로가 강한 체력을 유지하며 서비스직에 맞는 이미지와 어학실력을 구축하고 있다면 나이가 들어서도 전혀 문제가 없다고 생각합니다.

하지만 호텔에 신입으로 지원한다면 제일 중요한 신입 같은 "태도"를 강조하여 이야기해드리고 싶습니다. 나이가 많든 적든 호텔은 신입으로 지원하게 된다면 처음 배운다는 자세로 본인을 낮추어 행동하는 태도가 제일 중요합니다. 면접 때 이 "태도"와 다른 동료들과도 잘 어울릴 수 있는 모습을 잘 보여드리는 것이 면접 합격의 포인트입니다. 또한 지원자 본인에게는 외국계 체인 호텔이나 외국에 있는 호텔을 지원하는 편이 더 잘 맞을 수도 있으니 본인의 나이보다도 다른 실력을 인정해 주는 곳으로 지원하거나 혹은 나만의 경쟁력으로 승부할 수 있는 무언가를 면접 시 내세우는 것이 매우 중요합니다.

 고민 4_ 엄격한 선후배 관계가 힘들어요.

저는 외국에서 중·고등학교를 나와서 한국에 돌아와서 대학의 관광, 항공 서비스학과에 지원하게 되었습니다. 하지만 외국의 자유로움에 비해 한국에서의 선후배 관계와 서열이 사실 적응하기 조금 힘듭니다. 저는 호텔도 이렇게 선후배 서열이 있다고 들었는데 맞는 이야기인가요? 그렇지만 호텔은 제가 너무나도 입사하고 싶은 곳입니다. 이런 저에게 조언을 해 주실 수 있으실까요?

▶ **선배들의 조언**

호텔은 우리가 생각하기에 많은 외국인과 귀빈들이 방문하기 때문에 일하는 데에 있어서도 매우 자유스러울 것이라고 생각하지만, 우리가 생각하는 것보다는 보수적인 장소임은 부정할 수 없습니다. 하지만 서비스직에서 이러한 서열(seniority)은 자연스럽게 받아들이며 본인이 맞춰가야 할 부분입니다. 선배들이 해 왔던 서비스를 배우거나 그들의 오랜 세월 동안 배우고 해왔던 노하우를 익히기 위해서는 서로 존중하고 이해하는 태도가 너무나도 필요하기 때문입니다.

그렇기 때문에 먼저 다가가고 필요한 것은 없는지, 내가 부족한 것은 없는지 항상 도움을 청하면서 조언을 구하는 것이 호텔리어로 일하면서 그리고 서비스인으로 일하면서 필요한 가장 중요한 태도라는 것을 잊지 않았으면 좋겠습니다. 먼저 나를 낮추고 배우려는 자세가 매우 필요한 직업임을 인식하면 이러한 서열이 절대 힘들지만은 않을 것입니다.

저자소개 | # 권성애

대학생 때부터 서비스 관련 직업에 매료되어 서비스 경험을 쌓기 위해 시작했던 호텔의 연회장 아르바이트를 기점으로, 호텔의 식·음료(F&B) 직원으로서 사회생활을 처음 시작하게 되었다. 이후 에미레이트 항공의 승무원이 되어 세계를 누비면서 국제적 매너와 감각을 쌓고, 이후 다시 호텔로 돌아와 G.R.O 그리고 컨벤션 및 전시 실무 경력을 쌓고 현재는 대학교와 기업체에서 영어교육과 서비스 관련 컨설팅을 하고 있다. 다년간 몸담았던 항공사와 호텔의 경력으로 미래 호텔리어들에게 취업의 나침반이 될 수 있는 〈나도 호텔리어가 될 수 있다〉를 출간하게 되었다.

저서로는 〈스튜어디스 한 번에 합격하기〉, 〈영어 토론 면접 7일 전〉이 있다.

강의 분야

기업체 비즈니스 서비스 매너 및 아랍문화 강의

국내외 항공사 영어 면접 및 이미지 메이킹

외국 항공사 및 호텔리어 취업 컨설팅

대학교 영어교육 및 취업 강의 등

http://blog.naver.com/bunnyyo

저자와의
합의하에
인지첩부
생략

나도 호텔리어가 될 수 있다

2014년 1월 20일 초 판 1쇄 발행
2022년 2월 25일 제3판 1쇄 발행

지은이 권성애
펴낸이 진욱상
펴낸곳 백산출판사
교 정 편집부
본문디자인 편집부
표지디자인 오정은

등 록 1974년 1월 9일 제406-1974-000001호
주 소 경기도 파주시 회동길 370(백산빌딩 3층)
전 화 02-914-1621(代)
팩 스 031-955-9911
이메일 edit@ibaeksan.kr
홈페이지 www.ibaeksan.kr

ISBN 979-11-6639-209-2 03980
값 12,000원